世界记忆大师常用的记忆术

超级记忆法

SUPER MNEMONICS

吴银平 编著

中国社会出版社
国家一级出版社·全国百佳图书出版单位

图书在版编目（CIP）数据

超级记忆法 / 吴银平编著 . —北京：中国社会出版社，2017. 12

ISBN 978-7-5087-5853-4

Ⅰ. ①超… Ⅱ. ①吴… Ⅲ. ①记忆术—通俗读物 Ⅳ. ①B842. 3-49

中国版本图书馆 CIP 数据核字（2017）第 313390 号

书　　名：超级记忆法
编　　著：吴银平

出 版 人：浦善新
终 审 人：王　前
策划编辑：张静波
责任编辑：杜　康　　　　责任校对：张永刚

出版发行：中国社会出版社　邮政编码：100032
通联方式：北京市西城区二龙路甲 33 号
电　　话：编辑室：（010）58124864
　　　　　邮购部：（010）58124848
　　　　　销售部：（010）58124845
　　　　　传　真：（010）58124856
网　　址：www. shcbs. com. cn
　　　　　shcbs. mca. gov. cn
经　　销：各地新华书店

中国社会出版社天猫旗舰店

印刷装订：中国电影出版社印刷厂
开　　本：170mm×240mm　1/16
印　　张：16
字　　数：220 千字
版　　次：2018 年 1 月第 1 版
印　　次：2019 年 3 月第 2 次印刷
定　　价：39. 00 元

中国社会出版社微信公众号

序 言

PREFACE

如何成为记忆高手

生活中，你是否经常被坏记性拖累，耽误了很多事，并为此感到万分困扰？忘记家人的生日、忘记好友的电话号码、忘记银行卡取款密码、忘记自己是否锁门，等等。

与此同时，你却发现身边的很多人都拥有令人羡慕的记忆力。

上学时，学霸很轻松就背完一篇课文，而你费尽九牛二虎之力，也记不住一个段落，考试成绩可想而知。

工作中，领导问起某客户的电话，同事小 A 脱口而出，而你连客户的名字都记错，薪酬和奖金的差异就此产生。

走在大街上，突然有人和你打招呼，可你苦思冥想，也记不起来对方是谁，只能尴尬地付之一笑，人脉圈的好坏一目了然。

……

记忆力并非与生俱来，如果你想成为记忆高手，并愿意对大脑进行记忆训练，结果很可能会出乎你的意料！

俗话说：劈柴不照纹，累死劈柴人。要想提高大脑的记忆效率，单靠死记硬背是不行的，必须要找对记忆的方法和技巧。

本书用通俗易懂、形象具体的语言，阐述了大脑的记忆规律和机制，并详细介绍了联想记忆法、编码记忆法、定桩记忆法、逻辑记忆法、强化记忆法、改错记忆法、朗读记忆法、转移记忆法、有意记忆法、顿悟记忆法等数十种记忆方法。

为了便于大家更好地学习这些记忆方法和技巧，编者还就记忆电话号码、英文单词、人名、相貌、演讲、诗歌、历史等常用信息进行了示范和说明。

总的来说，本书揭示了怎样成为记忆高手的方法，这既是一把打造超级记忆力的钥匙，又是个人必备的大脑潜能开发指南。

每本书的出版都离不开众多幕后英雄的支持。本书从策划开始，就得到了任宏超、吴凤、王玉等人的帮助，他们为本书的编写提供了大量宝贵的资料和建议，在此一一表示感谢。

本书的编写借鉴和参阅了大量的参考文献，得益于前人的努力，本书才能够如此生动、丰富。限于篇幅，书中未能全部列出。在此，谨向各位专家和学者表示衷心的感谢！

目录

CONTENTS

上篇　记忆基础

中篇　记忆方法

下篇　记忆应用

SUPER

MNEMONICS

上篇
记忆基础

第 1 章

记忆的原理

1.1 记忆的过程

生活中，无论我们做什么事，都离不开记忆。没有记忆，我们就无法说话、阅读，无法辨别物体、方向，甚至变得连自己和身边最亲近的人都不认识。

认知神经科学之父迈克尔·加扎尼加曾经说过："除了薄薄的一层'此刻'，我们生命中的一切都是记忆。"

那么，记忆到底是什么？现代心理学的定义是：人脑对经历过的事物的反映，它包括识记、保持、回忆和再认三个过程。

定义虽然很简单，但记忆却有着很多难以捉摸的特性。自古以来，人类就试图破解其中的奥妙。从柏拉图的蜡版假说，到艾宾浩斯的遗忘曲线，几乎横贯整个人类史。

从本章开始，我们就来学习与记忆有关的知识和技能。

记忆的分类

记忆根据不同的标准，可分为不同的种类。

按记忆内容

按照不同的内容，记忆可分为形象记忆、情绪记忆、逻辑记忆和动作记忆。

- 形象记忆

形象记忆又叫表象记忆，是指以感知过的客观事物为内容的记忆，例如我们感知过的味道、音乐旋律、自然景观、人物相貌等，都会以表象的形式存储下来。

- 情绪记忆

情绪记忆又叫情感记忆，是指对过去体验过的情绪和情感的记忆。当某一事件引起个人强烈的情绪或情感体验时，对事件的感知和情绪会保存在记忆中。

情绪记忆比其他记忆更牢靠，它在文艺创作和演出中起着重要作用。

- 逻辑记忆

逻辑记忆是指人们通过概念、分析、推理、判断等思维过程，形成对事物的结论，并将它留在记忆中。例如，某一学科的概念、理论和公式等。

逻辑记忆是人类特有的记忆。

- 动作记忆

动作记忆是指以各种动作、活动和技能为主的记忆，例如学习游泳、钢琴或某种习惯性动作的记忆。这种记忆识记时比较困难，而一旦记住，就不易遗忘。

按提取方式

按照不同的提取方式，记忆可分为外显记忆和内隐记忆。

- 外显记忆

外显记忆是指需要有意识的努力才能恢复的记忆。它极易在干扰后发生遗忘，而且当记忆的内容增多时，记忆的准确率会下降。

- 内隐记忆

内隐记忆是指不需要意识参与就能恢复的记忆。与外显记忆相反，内隐记忆很稳定，不易受外部刺激的干扰，当记忆负荷增大时，准确性也不会受到影响。

举例来说，当你回忆昨天学过哪些单词时，你需要有意识地去回忆，这就是外显记忆。而当你游泳时，你不需要刻意去回忆，就能畅游自如，这就是内隐记忆。

按保存时间

按照保存时间的长短，记忆可分为感觉记忆、短时记忆和长时记忆三种。这种划分最早由美国心理学家阿特金森和希夫林提出。

- 感觉记忆

感觉记忆又叫瞬时记忆，是指感觉器官在外部刺激下产生感觉和知觉，当这种刺激停止后，其作用仍能保持极短的时间。这种短暂的保持就是感觉记忆。

感觉记忆的作用时间很短，一般不超过 1 秒，它的容量是 9—20 个字母或物体。如不经过大脑的加工，会迅速衰退。

- 短时记忆

短时记忆是指 1 分钟以内的记忆。它有两个来源：一是感觉记忆中因受到注意而转为短时记忆；二是为了解决当前问题而从长时记忆中提取出来的。

短时记忆的保存时间为 3—60 秒，它的容量有限，一般是 7±2 个组块。

- 长时记忆

长时记忆是指存储时间在 1 分钟以上的记忆，它是对短时记忆反复加工的结果，也有的是由于印象深刻的经历一次性形成的。

长时记忆的保存时间很长，可以是 1 分钟、几个小时，甚至是终身。它的容量很大，一般认为是无限的，也有人认为是 5 万—10 万个组块。如图 1-1 所示。

图 1-1　记忆的三个阶段

记忆的过程

两千多年前，古希腊哲学家柏拉图曾将记忆比作一块蜡版，上面可以做标记或编码，然后存储下来，需要的时候再提取。

这种将记忆区分为编码、存储和提取三个过程的做法，一直延续至今。在很多书上，这三个过程也叫识记、保持、回忆和再认。

识记

识记是指识别和记住事物，并形成一定印象的过程。它是记忆的开始。

根据是否有目的，识记可分为有意识记和无意识记；根据对材料是否理解，识记可分为机械识记和意义识记。

保持

保持是识记材料在头脑中的存储和强化过程。其间，识记材料可能会出现变化，很多材料因为不能回忆和再认，出现遗忘现象。

德国心理学家艾宾浩斯最早对这种心理现象做了研究，在后续章节我们会重点介绍。

回忆和再认

回忆和再认是指恢复过去经验和知识的过程。其中，再认是指过去经历的事物再度出现时能够被识别和确认；回忆是指事物不在眼前，但在头脑中再现的过程。

1.2　记忆的起源和发展

记忆并不是一个新概念，早在远古时代，我们的祖先就开始探寻增强记忆力的方法和技巧。

从人类诞生起，记忆就开始服务于人们的生产和生活。原始社会，从哪些植物可以食用、哪种动物十分危险、怎样狩猎，到怎样寻找水源、怎样应对天灾……这些经验和知识的传递都离不开记忆。从这个意义上讲，增强记忆力是重要的生存学问。

部族首领是最早探寻记忆方法的一群人，尤其是重大灾难后，如果能侥幸存活，为了部族发展，他们首先要想尽办法恢复已经失去的经验和知识。

新西兰的毛利族首领卡马塔就是一位记忆高手。据记载，他能背诵全族长达1000年的历史，这些内容需要背上三天三夜，但卡马塔完全不用借助笔记。

人脑的记忆存在遗忘、随人离世而消失等局限。为了解决这个问题，古人借助各种各样的工具来记忆，结绳记事、象形文字等应运而生。

关于古人从什么时候开始研究记忆力，现在已无从考证，但我们可以通过记忆概念的形成和发展来窥探一二。

最早的记忆力概念由希腊人提出，帕蒙尼德于公元前6世纪提出记忆的明暗说。他认为，人的记忆由明暗两种物质构成，一旦这种混合体受到干扰或产生变化，就会发生遗忘现象。公元前5世纪，另一位希腊人迪奥泽尼提出，记忆由使体内空气保持均匀分布的东西组成，平衡被破坏就会遗忘。这两种说法看似离谱，却促进了记忆力的研究和发展。

公元前4世纪，著名思想家柏拉图提出蜡版假说，认为人的记忆就像用硬物在蜡版上留下的痕迹一样，痕迹清晰，人的记忆就清晰；痕迹模糊，人的记忆就模糊。当痕迹彻底消失时，就会发生完全遗忘。

亚里士多德是第一个提出较为科学的记忆概念的人，他试图从生物学的角度来阐释记忆，认为记忆是以血液流动为基础的，并提出了联想法则。这一研究成果具有里程碑意义，时至今日，联想法则依旧影响着无数人。

到了17世纪，相关研究再次取得重大进展，德国心理学家艾宾浩斯采用严格的数量测定方法对记忆进行了系统实验，并成功绘制出艾宾浩斯记忆遗忘曲线，科学揭示了人脑的记忆与遗忘规律。1885年，艾宾浩斯出版《论记忆》一书，引发心理学界对记忆问题的研究热潮。

进入20世纪，关于记忆的研究得到美国、日本、苏联等多个国家的重视，各国争相开办记忆学校，教授记忆方法。我国也于80年代开始举办快速记忆函授教学，极大地推动了快速记忆方法在民间的普及。

记忆的机制比较复杂，尽管今天的科技十分发达，但依旧无法彻底揭开人脑的记忆之谜。不过，随着进一步的研究，人们已经探索出不少有效提高记忆力的方法和技巧，这些方法和技巧足以让我们普通人受用一生。

1.3　记忆的生理机制

随着科学技术的发展，关于记忆生理机制的研究也取得了重大进展。人们通过大脑生理学的研究发现：人脑中，与记忆有关的部分主要包括颞叶、海马体和间脑。

颞　叶

颞叶是大脑记忆的第一层仓库，它属于大脑新皮层，会对输入大脑的信息进行分类保存，进而形成颞叶记忆。颞叶记忆属于记忆的表层，所记的信息很容易被遗忘。

加拿大的潘费尔博士采取直接刺激脑细胞的方法对记忆进行研究，结果发现：刺激大脑皮层的不同区域所得到的反应都很多，但只有刺激颞叶部分才能产生清晰而集中的记忆感觉，比如童年时的经历，曾经体验过的声音、色彩、情感等。

这足以证明，颞叶与人脑的记忆密切相关。

海马体

海马体是大脑记忆的第二层仓库，它属于大脑旧皮层，会对颞叶传送来的重要信息进行整理和保存，大约 30 天后再返给颞叶。如果同一信息在颞叶和海马体之间反复传送，海马体建立起来的信息回路会更稳固，该信息就会被海马体深刻铭记，提高人脑的记忆成绩。海马体的记忆处于记忆的深层，存储在这里的信息，人脑会记得更牢固。

海马体是大脑里最核心的记忆部分。临床医学发现，切除精神分裂症患者的病灶海马体后，患者的精神分裂症会减轻，但会丧失部分记忆。由此不难看出，海马体与记忆有着密切关系。此外，海马体病变或异常也会造成人在记忆上的障碍，比如老年痴呆症患者常常出现渐进式的记忆障碍：记不住是否吃过饭、记不住别人说过的话、记不起自己家住在哪里……这些症状就是由海马体的衰弱和萎缩引起的。

间　脑

间脑是大脑记忆的顶层仓库，它属于脑干。间脑记忆属于深层记忆，非常牢固，不过并非所有信息都能通过颞叶和海马体进入间脑。科学研究发现：只有简短的、暗示性的语言才可能形成间脑记忆。

反复诵唱是提升间脑记忆的有效方法，它可以让大脑的听觉、视觉、触觉、空间感、时间感等进入休眠状态。此时，颞叶的活动会停止，信息进入间脑的回路被打通，不断重复后，就能形成比较稳固的间脑记忆回路。

除了承载记忆的大脑机体外，在记忆过程中还有一种复杂的分子——核糖核酸。20 世纪 50 年代，很多学者开始研究记忆现象的生物学基础，并做了大量实验。

研究人员准备了 A 和 B 两只小白鼠，A 为笼中饲养，B 为散养，当把 B 的核糖核酸取出来移植给 A 后，A 能够想起 B 在散养环境下学过而它本身从未接触过的东西。此外，对动物核糖核酸的检测发现，经过记忆训练的动物，其核糖核酸也会发生变化，当人工阻断动物核糖核酸的产生后，动物会丧失学习和记忆的能力。

该实验证明，核糖核酸与记忆有着密不可分的关系。研究人员认为，核糖核酸充当着记忆过程中的化学介质。

关于大脑记忆的生理机制，还有不少科学假说，例如巴甫洛夫的条件反射假说、记忆的脑定位假说、神经元回路假说等，尽管很多尚未得到证实，但这些研究为我们了解大脑的记忆功能、探索提高记忆力的方法提供了有力的支持。

1.4　测测你的记忆力

人脑的记忆力非常强大，据说相当于 1500 亿台 80G 电脑的存储量。遗憾的是，几乎没有人能把这种能力发挥到极致，年龄、疲劳、情绪、压力、营养、记忆方法等都会影响到人脑的记忆力。那么，对于自己的记忆力，你知道多少呢？

快来测测你的记忆力吧！

1. 你能很快记住一个电话号码吗？

A 能　　　　B 不能

2. 你能马上说出自己的银行卡账号吗？

A 能　　　　B 不能

3. 你能马上说出自己的身份证号码吗？

A 能　　　　B 不能

4. 你是否记得自己初中时的学号？

A 记得　　　B 不记得

5. 你还记得家里以前用过的座机号码吗？

A 记得　　　B 不记得

6. 你还记得最近读过的小说的书名吗？

A 记得　　　B 不记得

7. 你还记得最近看过的电影中的主角姓名吗？

A 记得　　　B 不记得

8. 你还记得小学时第一本课外读物的书名吗？

A 记得　　　B 不记得

9. 你还记得儿时一起玩耍的小伙伴的姓名吗？

A 记得　　　B 不记得

10. 你还能背诵初中学过的文言文吗？

A 能　　　B 不能

11. 你还记得上次吃的生日蛋糕是什么口味吗？

A 记得　　　B 不记得

12. 你还记得在你的朋友中，哪一位是最晚结识的吗？

A 记得　　　B 不记得

13. 你是否经常忘拿钥匙、手机、钱包等？

A 是　　　B 不是

14. 你还记得上周末外出时穿什么颜色的衣服吗？

A 记得　　　B 不记得

15. 你还记得第一次参加亲戚婚礼的情景吗？

A 记得　　　B 不记得

16. 你还记得初中时第一位班主任的姓名吗？

A 记得　　　B 不记得

17. 你还记得第一次学校体检的情形吗？

A 记得　　　B 不记得

18. 你还记得昨天早饭吃了什么吗？

A 记得　　　B 不记得

19. 你还记得上一次剪头发是什么时候吗？

A 记得　　　B 不记得

20. 你还记得现在使用的手机号是哪一年申请的吗？

A 记得　　　B 不记得

计分标准：选 A 计 1 分，选 B 不计分。

测试说明：1—5 题测试的是数字记忆能力；6—10 题测试的是文字记忆能力；10—20 题测试的是生活中对琐事的记忆能力。将各组题的得分相加，并与下列测试结果做比较。

数字记忆能力（1—5 题）测试结果：

3 分以上：你对数字有很敏感的记忆力，算得上数字记忆达人，忘记密码的事情极少发生在你身上，在速算方面很有开发潜力。

3 分以下：你不太擅长数字记忆，仅凭大脑记陌生电话号码、数字串等比较吃力。生活中，不妨借助笔记、便签、手机备忘等方式来加强对数字的记忆。

文字记忆能力（6—10 题）测试结果：

3 分以上：你很擅长记忆文字材料，尤其在课文背诵、脱稿演讲、复述故事等方面表现优异，文史等科目成绩好，适合从事文科类的工作。

3 分以下：背诵对你而言并不轻松，看过的电视、读过的书很快就记不住完整的内容和情节。因此，你需要通过不时的回忆来巩固对相关材料的记忆。

琐事记忆能力（10—20 题）测试结果：

8 分以上：你在生活方面的记忆力超群，当周围的人忘记一些东西时，通常会向你求助。由于记忆力超群，你的生活安排得井井有条，很少有丢三落四的事情发生。

5—8 分：你在生活方面的记忆力比较普通，能记住大多数的琐事，可以轻松应对工作、学习和生活中的小事，但偶尔也会出现“记忆灾难”，比如忘记很重要的事情等。

5 分以下：你在生活方面的记忆力很差，是公认的“马大哈”，忘记拿钥匙、钱包，不记得证件放在哪里，每次找东西都要花费很多时间，纪念日也常常会忘记。不过，记性差也未必是坏事，善忘的人往往更开心。总的来说，你是一个丢三落四的乐天派。

1.5 为什么你老记不住事?

不常用的密码、亲友的生日、同学的电话号码……为什么我们老是记不住?经常忘事的你,有没有想过自己记性差的原因?“越近的事情越容易忘记,越久的事情反而越清晰”,这句网上流行的调侃语,曾戳中了很多人的心。那么,遗忘是怎么回事呢?

目前,关于遗忘的原因,主要有以下五种学说。

消退说

短时记忆如果不时常回忆,就会随时间流逝而消退。比如,成年后对于当年在班里默默无闻、毕业后就不再联系的小学同学,我们很难想起他们的名字。这就是记忆消退的现象。

科学研究发现,人们对不同事物的记忆,其消退速度有所不同。在社交活动中,我们常常能认出某人的脸,想起他的职业、爱好等细节,可怎么也想不起对方的名字。

这究竟是为什么呢?

从大脑的记忆规律看,脸孔其实比名字更好记,因为脸孔有形,是外在形象化的,但名字是抽象的,要记住一个人的名字,需要更复杂的回忆程序。容易被记住的脸孔,消退相对缓慢,而难记住的名字则更容易被遗忘。

不过,消退说并不能解释长时记忆的流失,一个受过多年英语教育的人,即使再也不接触英语,依然能记住很多英语单词。

替代说

人脑并不像计算机的内存那样固定,新的刺激会擦除大脑里的旧信息。研究显示：人最初的感知信息会被新的信息擦除。在普林斯顿大学神经学家肯尼思·诺曼看来，输入大脑的信息是“以竞争者的姿态进入人的脑海，而一旦在竞争中失败，它就会被扫出脑海”。

生活中，这类事件也不少。例如，买了 12 点的高铁票，后来又帮朋友买了张上午 8 点的，结果早早到达火车站才发现，“哎呀，我怎么记成 8 点了？”这就是“帮朋友买 8 点票”的新刺激擦除了自己买 12 点高铁票的旧信息。

换句话说，新信息打败了旧信息，在我们大脑中占据上风，于是产生了遗忘。

干扰说

无论短时记忆，还是长时记忆，大脑在储存和提取信息的过程中，都会受到干扰。正是这些干扰让我们时不时产生遗忘的现象。

干扰在相似信息的储存和提取时更容易发生，这些信息在进入大脑时，会令大脑产生疑惑，因此记忆效果和准确程度都会大打折扣。比如初学英语时，怎么也想不起 A、B、C 等字母在汉语拼音里怎么读，这就是因为相似材料的干扰造成的遗忘现象。

外部因素也存在干扰现象，比如初入职场的小阳，明明记得下班前要给经理交报告，但临近下班时，突然有一件十万火急的事情要处理，于是放下手头的工作，专心解决这件紧急事情。好不容易忙完，早过了下班点，小阳匆匆忙忙离开办公室，晚上到家时，突然想起忘了给经理交报告。显然，突发事件这一干扰因素，造成了小阳的遗忘。

线索遗忘说

大脑存储信息的过程，和图书馆对图书的管理很相似，大脑会对所接收的信息进行分类编码，并生成可供搜寻的线索，相似的场景、固有的经验、特殊的味道等都能够为大脑的记忆提取线索。

人们在唤起记忆时，通常依赖某种线索，比如悲伤时想起悲伤的记忆，高兴时想起高兴的记忆，此时情绪就是一种记忆唤起的线索。尤其是在长时记忆中，如果我们忘了提取记忆的线索，就很难再唤起和提取记忆，遗忘也就产生了。由于缺乏提取线索导致的遗忘，叫线索遗忘，是最常见的一种遗忘现象。

抑制说

经历过地震、火灾、洪水等重大灾害的当事人，往往想不起完整的事件过程和细节，这种现象很常见。心理学家认为，这种创伤后的遗忘现象是因为人的记忆受到了抑制。

过于痛苦的记忆会给人们造成严重的负面影响，甚至直接导致心理崩溃，并产生自杀等极端想法。亲人的去世、突发的车祸、可怕的天灾……这些人们无法抗拒的事件，会给当事人的心理造成极大的冲击。

每个人在潜意识中都有一种心理保护机制，这种本能会抑制可能对我们造成严重伤害的记忆，所以，我们就会自动忘记那些永远都不想再记起的事情。

第2章

记忆的科学规律

2.1 记忆的七大规律

记忆对学习、工作和生活的重要性不言而喻。倘若记性太差，总是遗忘或记错重要的信息，势必给我们造成很大的困扰。那么，怎样才能拥有较强的记忆力呢？人脑在记忆时是否有特定的规律可循？

英国伦敦大学麦克夸尔博士曾对争夺“世界记忆冠军”的八位选手做过研究，试图找到他们记忆力超群的秘密。令人大跌眼镜的是，八位选手的大脑在记忆结构上与普通人并无二致，他们的记忆力得益于高效的记忆方法，也就是所谓的记忆术。

这一结论得到英国兰卡斯特大学伊兰德尔博士的支持，在他看来，“如果使用正确的方法，经常刻苦练习，记忆力一定会提高，甚至超常！”

对普通人来说，这是一个好消息，因为记忆力并非与生俱来，只要我们肯努力，就有机会成为“记忆大王”。而在此之前，我们首先要掌握记忆的七大规律。

规律一：主体律

记忆效果的好坏与个体的主观意识直接相关。

一般来讲，记忆的目的越明确，效果就越好。一个显而易见的例子是，当我们注意力集中、积极思考时，记忆的效果明显好于心不在焉。另一方面，记忆的效果取决于记忆时间的长短。通常，记忆时间越长，效果也越好。

此外，记忆效果与人的自信心也有关系。对记忆越有信心，记忆效果就越好。

规律二：客体律

人们对不同信息的记忆效率是有差异的。换句话说，所需记忆的材料内容、类型等因素也会影响我们的记忆效率。

科学家通过研究发现：有意义的信息比无意义的信息更容易记忆，生动有趣的信息比枯燥乏味的信息更容易记忆，直观的画面比抽象的概念更容易记忆，有节奏、条理清晰的信息比无节奏、杂乱无章的信息更容易记忆。

规律三：方法律

采用不同的方法，记忆的效果大相径庭。这也是我们研究记忆方法的原因。

科学合理的方法能够极大地提高我们的记忆效率。例如，理解意义后的记忆比死记硬背的机械记忆更有效，形象化的记忆比抽象的记忆更牢固，对特殊情况的记忆比普通无特色的记忆更持久，等等。

规律四：干涉律

我们在记忆某一信息的过程中常常会受到其他信息的干扰，例如生活中发生的记错、记混等现象就是这种干扰造成的。

需要记忆的材料和已有记忆的材料相似度越高，其记忆效果越差，越容易出现混淆的现象。同样一段记忆材料，首尾的信息往往记得更牢固，中间部分更容易被遗忘。

为了避免这种记忆中的干扰因素，在识记两种材料时，可以在中间安排一些间隔时间，这样记忆的效果反而会更好。

规律五：强化律

只见过一面的人，我们很难记住对方的脸，但见面次数多了以后，自然就记住了。这是因为，对信息的强化程度直接影响着记忆的效率。

根据这一规律，我们可以通过增加信息输入的次数、及时复习、经常回忆等方法来提高记忆力。复习的方式也会影响记忆效果，多样化的复习比简单重复效果要好。

此外，人体感官在记忆过程中的参与程度也与记忆效果相关。单一感官参与的记忆往往不如多感官参与的记忆效果好。因此，记忆时，要尽量调动更多感官参与。

规律六：时间律

通常，人们能够很轻松地想起最近两三天的事情，但要回忆几年前的事情则困难得多，甚至一点儿也想不起来。这就是时间对记忆效果的影响。

一般来讲，时间过去越久，记忆就越模糊。根据艾宾浩斯遗忘曲线，人脑的遗忘是有规律的，先快后慢。所以，我们在记忆时，要善于运用集中记忆法和分散记忆法，这对于提高记忆效率很有帮助。

规律七：数量律

背诵一个单词不难，但要背诵一本书则没那么简单。这是因为，所需记忆的材料越多，大脑记忆的难度越大，所需的时间越长，效率往往也越低。

因此，我们在记忆海量信息时，要学会化整为零，先把整体分为几个部分来记忆，再把部分连成一个整体，以完成对整个信息的记忆。这种方法可以迅速提高记忆效率。

2.2 理解是记忆的基础

大量的人类活动实践证明，理解是记忆的基础。

所谓理解，是指认识某一事物的本质，对该事物的外形、属性以及与其他事物的内在联系都做到胸中有数。表现在解决实际问题上，理解是做好事情的前提，只有深刻理解事情的本质，才能找到矛盾所在，从而顺利解决问题。

学生时代经常碰到这种情况：明明烂熟于心的定理、公式、规则等，一到做数学、物理、化学题时就一头雾水，不知道该如何运用脑子里的知识，结果总是做不对。这在教学中是一种很常见的现象。

其实，记住知识不等于会运用知识，死记硬背虽然也能记住知识，但这种缺乏理解的记忆是僵化的，没办法和我们的思维融为一体，因而容易被遗忘。

正如德尔普费耳德所说："作为学习基础的应当是理解而不是记忆，理解可以大大地提高记忆力。"孔子也有类似观点，他在《论语》中告诫我们："学而不思则罔，思而不学则殆。"意思是读书要思考，这样才能理解书本的意义，进而记住书中的精髓。

研究证明，对记忆内容理解与否直接决定了记忆效果的好坏。有学者做过一个简单的实验比较：让两位哲学讲师背诵席勒的诗和洛克的哲学论文，结果显示：两人均对哲学论文记忆深刻，而对诗歌的记忆效率相对较差。

一般来讲，诗歌更具画面感和节奏，应当比抽象枯燥的哲学论文更容易记忆，但两位哲学讲师的记忆情况却截然相反。这是为什么呢？分析发现，原因在于两位被试者均为哲学讲师，他们对哲学论文的理解更深刻，因此记忆成绩更突出。

理解记忆是一种高效的记忆方法。在记忆之前，我们需要搞懂内容之间的逻辑关系，然后主动去思考，与之前学过的知识、记住的信息建立联系。这样一来，就能达到深刻记忆的目的。列宁就是善用理解记忆法的高手。

据说，列宁乘火车时，通常会带几本书，利用这个时间来学习。有一次，他离开莫斯科去其他地方视察，当他和往常一样专心读书时，对面有位乘客好奇地问：“这么多书，看完之后，您都能记住吗？”列宁回答道：“当然能记住。”说着将手中的书递给对面的乘客，并请对方提问。几轮提问下来，列宁对答如流，该乘客惊叹不已，称赞道：“您简直是记忆天才！”列宁回答说：“哪有什么记忆天才。阅读首先要理解，理解的东西自然就能记住，记住了就能使用啊。”

诚如列宁所说，理解是熟记的前提。尤其是对于晦涩难懂的信息，例如文言文、定理、公式等，千万不要逐字逐句死记硬背，而应遵循“先理解、后记忆”的原则，先搞懂意义、本质和内在逻辑等，之后再记忆就变得很容易了。

从记忆的遗忘规律来看，死记硬背的信息更容易遗忘，而且遗忘速度更快，而建立在理解基础上的记忆则要持久得多。这是因为，理解后的信息会与过往的经验发生联系，从而在大脑的记忆系统里形成一根链条，这根链条与其他链条相互连接，形成较为稳固的结构。此时，回忆更容易被唤起，记忆也就更加牢固。与此相反，死记硬背的信息就像大脑里的一座“孤岛”，很难被唤起，遗忘也就在所难免。

需要说明的是，理解后的内容也会被遗忘。对此，我们将在下一节介绍。

2.3 遗忘曲线/艾宾浩斯三大定律

关于记忆，艾宾浩斯遗忘曲线是一个里程碑式的发现。

1885 年，德国著名心理学家艾宾浩斯用实验方法对记忆进行了研究。在实验中，艾宾浩斯让被试者记忆 100 个陌生单词，并随时间的推移，对他们的记忆和遗忘情况进行量化统计，其结果如表 2-1 所示。

表 2-1　艾宾浩斯实验结果

时间间隔	记忆量
刚刚记忆完	100%
20 分钟后	58.2%
1 小时后	44.2%
8—9 小时后	35.8%
1 天后	33.7%
2 天后	27.8%
6 天后	25.4%
1 个月后	21.1%

遗忘总是客观存在的，即便记忆力超强的人也不能幸免。那么，遗忘是从什么时候开始的？是否有规律可循？怎样才能减少遗忘？何时复习抗遗忘的效果最好？

对于这些问题，艾宾浩斯的研究给出了答案，他在实验数据的基础上绘制出了人脑的遗忘曲线，如图 2-1 所示。

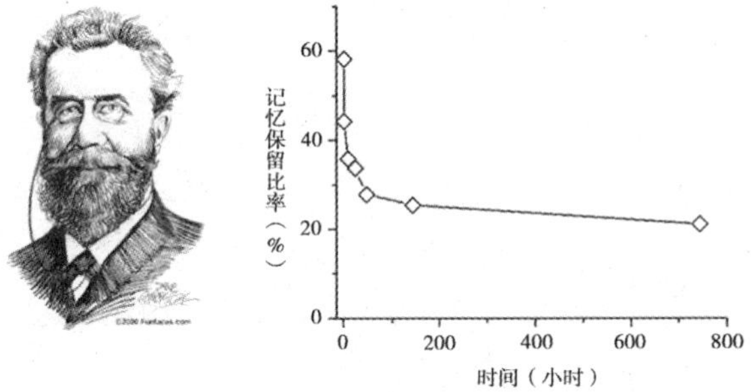

图 2-1　艾宾浩斯遗忘曲线

艾宾浩斯遗忘曲线非常直观地揭示了人脑的遗忘规律。根据这一规律，遗忘的过程由快到慢，新学习的知识如果不及时复习，一个小时后会遗忘多半，一个月只剩下近 20%。

遗忘曲线的发现引发了一场史无前例的脑力革命。此后一百年，研究人员依据这一曲线找到了最佳的复习时间间隔和频率，大大提高了人类的学习速度。尽管人脑的遗忘规律不可改变，但这一规律为我们掌握正确的记忆方法提供了非常有价值的参考。

把短时记忆变成长时记忆

前面我们已经讲过，人脑的记忆分为感觉记忆、短时记忆和长时记忆。

不同的记忆，持续时间各不相同。感觉记忆最短，一般不超过 1 秒钟。其次是短时记忆，可持续 3—60 秒，是学习和工作中最常见的记忆形式。长时记忆持续时间最久，有些甚至能伴随我们一生，例如一位在美国生活了 10 年的归国华侨，即使后半生永远不再说英语，依旧能记住很多英语单词，这就属于长时记忆。

如何让我们的记忆变得更牢固呢？一个有效的办法是将短时记忆变成长时记忆。

短时记忆是长时记忆的前提和基础，我们可以在短时记忆还很清晰时，及时进行复习，以此来克服遗忘规律的影响，获得更好的记忆效果，最终形成长时记忆。

值得注意的是，并非所有的长时记忆都不会遗忘，随着时间的推移，长时记忆也会变得模糊，所以定期对长时记忆进行复习和强化也是很有必要的。

不要等到遗忘了再复习

根据遗忘曲线的规律，越早复习，越能更好地避免遗忘，通过复习让记忆量从 80%提升至 100%，显然比从 50%提升至 100%要容易。因此，尽早复习是事半功倍的记忆良策。如果等到全部忘光了再去复习，那和记忆完全陌生的信息没什么两样，我们必须耗费更多的时间和精力才能记住它。

此外，人脑对最先接触和最后接触的资料，记忆效果更好，中间部分则比较容易遗忘。所以，在记忆大量的材料时，不妨将其拆分为几个部分，这会大大提高记忆效率。在复习策略上，也可以区别对待记忆材料，首尾的材料可减少复习次数，中间容易遗忘的部分则可以有针对性地多复习。

有意义信息的记忆效果更好

在记忆实验中，艾宾浩斯得出这样一组数据：12 个无意义音节的记忆平均需要重复 16.5 次，36 个无意义音节的记忆平均需要重复 54 次，但 6 首诗歌 480 个音节的记忆则只需要重复 8 次。这充分说明，有意义信息的记忆效果要比无意义信息好得多。

因此，要提高记忆成绩，最好的捷径就是找出所需记忆信息的内在意义。所谓"磨刀不误砍柴工"，千万不要认为对记忆材料的分析理解是多余的，只有把这些看似无意义的信息拆解消化为有意义的信息，记忆才会变得容易，回忆它们才会不费吹灰之力。

2.4　复习是记忆之母

所谓复习，是指对已记忆的信息进行再一次温习。复习是我们对抗大脑遗忘的有力武器，古人常说"温故而知新"，通过复习，我们不仅可以加深对那些容易遗忘、生疏的概念或信息的理解，还能为学习新知识、记忆新信息做好充分的准备。

说到复习，学生时代人人轻车熟路，可是你真的会复习吗？你知道怎样复习才能记得更好、更高效吗？

根据遗忘曲线的规律，我们知道人在记忆时有八个比较重要的周期，分别是 5 分钟、30 分钟、12 小时、1 天、2 天、4 天、7 天、15 天。前三个周期属于短时记忆，后三个则属于长时记忆。在人脑记忆周期和遗忘规律的基础上进行复习，比毫无章法的复习更有效。

那么，具体该怎么做呢？

周期性复习

下节课英语老师要默写单词，学生抓紧时间记忆，完全能记住，但等到放学时就会完全忘光，这就是短时记忆。所以，千万不要等到短时记忆完全遗忘之后再复习，在记忆新信息后，不妨分别在30分钟后、12小时后进行复习和巩固，这有利于我们将短时记忆变为长时记忆。

长时记忆的遗忘速度虽然比较慢，但依然在遗忘，为此，我们可以分别在1天后、4天后、7天后和15天后进行复习。这种根据遗忘规律设计的周期性复习能够最大限度地帮助我们克服记忆中的遗忘现象。

初次记忆后复习

一般来说，初次接触新知识、新信息之后的记忆是最清晰的，如果不想让这部分记忆快速遗忘，一定要在24小时之内进行复习。

初次记忆后的5分钟是一个重要的记忆周期，要回忆一下记住的信息，半个小时后再复习一遍……这样我们记忆的持续时间就会越来越长。初次记忆后的24小时之内是复习和巩固记忆的黄金时间，在这个时间段内，我们一定要及时复习。建议复习间隔时间为5分钟、30分钟、2小时、8小时、24小时，其中最为重要的是24小时的复习。

大纲式复习

每天，我们都要记忆大量的信息，如果所有的信息都要复习，无疑会耗费大量的时间和精力。那么，有没有一种简单有效的复习方法呢？答案是肯定的。

大纲式复习就是这样一种记忆方法，我们可以对繁杂的信息进行梳理，简单罗列成条目，这样在我们复习时，只要借助大纲就能完整回忆起全部信息，不仅耗时少，而且容易记忆。大纲式复习非常适合记忆内容枯燥的信息，比如语法、公式、定理、逻辑等没有实体类型的信息。

联想式复习

在学习新知识、记忆新信息时，不妨将其与原有的知识或记忆相联系，通过联想，在两者间建立起共同的回路，这样复习起来会很轻松。

联想式复习适合故事、情节、景象、片段等信息的记忆，这些信息形象具体，容易激发我们大脑的想象，从而与更多原有的信息进行连接。

用复习巩固记忆时，要避免陷入几个误区。

首先，不要把相似度高的信息放在一起复习，这很容易造成记忆错乱、混淆，降低记忆的准确度。

其次，不要把相同的信息堆积在一起复习。大脑长时间处理相同信息会陷入疲劳，且信息之间会互相干扰，从而大大降低复习和记忆的效果。因此，最好交叉安排复习的内容，比如复习半个小时的语文后，再花半个小时复习与语文毫不相关的数学、物理等。

最后，单一的复习方式也会让记忆效果减半，而且会令人厌倦、疲惫，不利于提高复习效率。所以，复习时不要拘泥于某一种方式，要开动脑筋，创造性地利用更多的方法来进行复习。

此外，千万不要以为只复习之前的知识和信息即可，从宏观角度来讲，复习的过程既包括记忆也包括相应的练习，它还是查漏补缺的好机会。

总之，我们要善于通过复习来巩固原有的记忆，同时进行归纳总结，对已掌握的知识进行梳理，从而提高学习的效率。

2.5 记忆的 4 个黄金时段

每个人都想在最短的时间内记住更多的信息，都希望记得更快，忘得更慢。这看似有点矛盾，但并非不可实现。研究发现：人脑的记忆在一天中有 4 个黄金时段。如果能充分利用这 4 个黄金时段，记忆的效果就会事半功倍。

早晨 6—7 点

“一天之计在于晨”，早晨 6—7 点是一天当中记忆的第一个黄金时段。此时，人体刚刚苏醒，伴随着体温上升、心跳加快、血压升高，肾上腺的分泌也进入高潮，经过一整晚的休息后，大脑变得精力充沛，效率也处于一天的高峰。

我们可以利用这一段时间来记忆一些难记的东西。寄宿制学校通常会在这一时段安排早自习，让学生背诵英语、文言文等，其依据就是人体在早晨 6—7 点记忆更佳的规律。

为了利用好这一黄金时段，我们要注意以下三点：

一是按时起床，及时洗漱，不要将记忆的黄金时间浪费在赖床、拖拉上。

二是养成早睡早起的生活规律，只有经过充分的休息，大脑工作起来才能更有效率。

三是最好 7 点以后再吃早饭。饭后人体血液会集中在消化系统，大脑的供血和供氧量降低，使人产生困倦的感受，这会严重影响记忆的效率。

上午 8—10 点

这是记忆的第二个黄金时段。此时，大脑兴奋度提高，肝脏也完成了身体排毒，肾上腺等激素分泌旺盛，人的积极性提高，大脑记忆能力也处在一个比较旺盛的阶段。这期间，大脑的思考能力尤其突出，逻辑严谨而周密，信息处理能力与记忆能力一样强劲，是攻克难题的好时机，因此特别适合安排数学等理科类的记忆和学习。

值得注意的是，早饭的营养摄入情况直接影响这一时段的记忆效率！英国曼彻斯特大学研究人员丹尼斯·博达科夫通过研究发现：不同食物会造成人体的不同睡眠效果，富含碳水化合物和脂肪的食物会大幅增加人体的葡萄糖水平，使人更加疲倦嗜睡；相反，富含蛋白质的食物则不易引起瞌睡。

因此，要想记忆好，早饭最好选择鸡蛋、牛奶等富含蛋白质的食物，少进食脂肪和碳水化合物含量高的食物。

晚上 18—20 点

大脑经过长达 12 个小时的活动后，对新信息的记忆变得比较迟缓，但其耐力却达到一天中的最高峰。这一时段最适合回顾、复习当天记忆的信息，以加深大脑的印象，巩固记忆的效果。我们可以利用这一时段整理笔记、完成当天学习的知识点的练习等。

此外，运动愿望增强也是这一黄金时段的显著特征。如果想运动就出去运动吧，这不仅不会影响我们的复习记忆效果，还能让大脑在劳逸结合中获得短暂的休息和调整，从而更有工作效率。对运动员来讲，这一时段更要努力，因为这有助于取得更好的训练成绩。

晚上 21 点到临睡前

晚上 21 点以后到临睡前，是一天当中最后的黄金记忆时段。由于记忆后大脑直接进入睡眠状态，没有后续输入信息的干扰，因此记忆效果很好，不容易遗忘。这一时段，我们可以梳理全天的记忆信息，利用睡前时间来加深记忆，尤其是那些难记的信息。

如今，晚睡已成为很多年轻人的生活习惯，如果24点才睡，那晚上21—24点是否均为黄金记忆时段？答案是否定的。太晚入睡，大脑将处于超负荷工作的疲倦状态，记忆效率会大幅降低。

那么，几点入睡比较好呢？答案是22点，这样既可以避免大脑过度疲劳，也有助于我们养成早起的习惯，从而充分利用早晨6—7点的第一个黄金记忆时段。

2.6　神奇的7±2记忆法则

1956年，美国心理学家乔治·米勒发表了一篇名为《神奇的数字7±2：人类加工信息能力的某些局限》的论文，提出一个重要的观点：短时记忆的容量为7±2，即一般为7，并在5—9之间波动。这就是神奇的7±2记忆法则。

根据这一法则，大脑的记忆广度并不是无限的，我们可以轻松记住3个或4个数字，5到7个数字努努力也可以记住，但要在短时间内记住一串10个以上的毫无规律的数字序列，则很少有人能做到。

早在19世纪中叶，爱尔兰哲学家威廉·汉密尔顿就观察到这一现象。他将一把子弹撒在地板上，结果发现，人们很难一下子观察到7颗以上的子弹。随后，雅各布斯经过反复实验，也得出类似结论，即对于无序的数字，人们一次最多能够记住7个。

进入20世纪50年代，这一研究引起不少心理学家的兴趣，他们采用字母、音节、字词等不同的记忆材料反复进行实验，神奇的是，得到的结果都约等于7。

7±2记忆法则真有这么神奇吗？我们不妨来做一个小测验。

首先，准备一支笔、一张白纸。

然后，花30秒读一遍后边这一串随机数字：71863945284。

最后，合上书，用笔在白纸上写下刚才读过的数字串。

需要注意的是，数字的顺序必须和原来保持一致，请尽可能多地把这些数字默写出来。写完后，翻开书核对结果，得出自己的记忆准确率。

在上面的小测验中，你写对了几个数字？正常情况下，大多数人都能回忆出至少 5 个，最多 9 个，即 7±2 个。人脑的短时记忆是有限制的，它采用模块化的办法来存储记忆，最少可以记住 5 个模块，最多可以记住 9 个模块，即 7±2 个模块。

在 7±2 记忆法则中，组块是记忆的关键。那么，什么是组块呢？简单来说，组块就是人脑的记忆单位，它的内容和形式非常丰富，并非一成不变。一个组块可以是一个数字，也可以是一串数字；可以是一个字母，也可以是一个包含多个字母的单词；可以是单个的汉字，也可以是包含多个汉字的成语。

例如，要记住 7186394528410378 这一串数字很难，但记住 3141592631415927 则很简单。因为前者是 16 个完全没有规律的数字，大脑的记忆只能以一个数字为单位，这就需要记住 16 个单位的数字，这样的记忆任务远远超出了人脑短时记忆的广度。

与此相反，后者是有规律的。只需略微观察，我们就会发现这组数字与圆周率相关，圆周率的数值在 3. 1415926 与 3. 1415927 之间。因此，在记忆这一串数字时，我们会自动将 31415926 作为一个模块，31415927 作为另一个模块。

这样一来，我们只需记住这两个模块，就能记住这组数字。与 16 个组块相比，记忆难度大大降低，准确率也更高。

同理，记一个单词容易，记一串随机的英文字母则比较难。不仅是英语，7±2 记忆法则也适用于其他语言的学习。如果你正在学习或准备学习一门外语，不妨先把字母列出来，再按照 7±2 记忆法则，将所有字母分为 5—9 个组块，这样记起来效果会好得多。

英语辅助记忆的字母歌：ABCDEFG，HIJKLMN，OPQ ，RST，UVW，

XWZ……就是7±2记忆法则在实践中的典型案例。

和遗忘曲线一样，7±2记忆法则对于提升人脑的记忆效率也有重要意义。

该法则告诉我们，当需要记忆的内容数量多且比较琐碎时，可以通过把一些小的记忆单位组合成我们熟悉的、较大的记忆单位来提升记忆效率。比如背诵一篇很长的文章，可以将文章分为几块，最好不超过7块，然后分块背诵。

所以，对于一些毫无规律的材料，无论是化学元素周期表、100以内的质数，还是JAVA和C++等计算机编程语言，都可以人为地将材料拆解为5—9个组块来记忆。

SUPER

MNEMONICS

中篇
记忆方法

第 3 章

联想记忆法

3.1 联想记忆法简介

所谓联想记忆法，简单来说，就是借助联想来增强记忆力的技巧和方法。

联想记忆法是一种历史悠久的记忆方法。自从17世纪中叶，以英国人托马斯·霍布斯为代表的联想主义心理学派将“联想”一词引入记忆领域后，联想就与记忆密不可分了，只要谈到快速记忆法，就少不了“联想”这一技巧。

从生理学角度看，联想是由两个或几个刺激物同时或连续作用，从而使得大脑产生暂时的神经联系。

从心理学角度看，联想是我们感知或思考事物时，想起与之相关的另一事物的心理活动，比如看到黄澄澄的香蕉，会不自觉地回忆它的味道和口感，这一过程就是联想。

输入大脑的信息并非是孤立的，它们之间存在直接或间接的联系，比如看到手中的书，我们会想起买书的书店，想起当时自己还拿着一杯奶茶，卖奶茶的小妹穿着一件红上衣，朋友小A也有一件红上衣，上周刚参加了小A的婚礼……

生活中，我们常常不自觉地运用联想，从手中的书想到书店，再依次想到奶茶、红上衣、朋友小A、婚礼……这一串联想看似琐碎、毫无规律，但只要我们刻意练习，完全可以让联想变成主动的、有意识的，并为我们的记忆服务。

美国记忆研究专家哈利·洛雷因曾经说过：“记忆的基本法则是把新的信息联想于已知事物。”与抽象概念相比，图像更容易被大脑记忆，因此，它是记忆方法中很重要的因素，良好的记忆力离不开图像的联想。

事实上，联想记忆法就是利用右脑的图像功能，将抽象的词汇转化成具体的图像，再利用左脑的逻辑功能进行记忆的方法。“如果你想记住什么，你要做的就是将它与已知或已记住的东西联系起来。”

按照不同的联想方式，联想记忆法可分为对应联想法、接近联想法、类似联想法、比较联想法、因果联想法……对此，后面将陆续介绍。

按照记忆内容的不同特征，联想记忆法则可分为一点式记忆、两点式记忆和多点式记忆三种类型。

一点式记忆

一点式记忆是指直接对某一信息的记忆，对抽象、不可理解以及无意义信息的记忆都属于此类，比如记忆人名、地名等。对于这些难记的信息，我们可以为其创建一个形象，然后通过联想在两者之间建立联系，这样记忆效果会好得多。

例如，为了记住“哈兹里特”这一人名，我们可以创建一个胆怯、不愿见生人的形象，因为不愿见生人，所以总把自己装在“盒子里头”，由于“盒子里头”与“哈兹里特”谐音，记忆难度大大降低。

两点式记忆

两点式记忆需要记住两个事物之间一一对应的关系，比如时间与历史事件、英语单词与汉语意义、国家与首都等都属于这种记忆类型。我们可以挖掘两个事物之间的联系，也可以自己创建联想。

比如“china”这个单词，音译为“昌南”，历史上昌南是瓷器重镇，当地出产的精美瓷器风靡西方世界，因此西方人常用“昌南”来代指中国。“china”就这样和中国建立了联系。有了这层联想，记起来就很容易。

多点式记忆

多点式记忆的知识点在3个或3个以上，这需要我们在更多事物之间建立联系，知识点越多，记忆难度越大。例如，元素周期表、56个民族、百家姓等都属于此类。我们可以通过编顺口溜、编故事的方法来记忆。“夏商与西周，东周分两段，春秋和战国，一统秦两汉……”这首我们熟知的朝代歌就运用了多点式记忆的技巧。

3.2 对应联想法

所谓对应联想法，是指我们可以在问题和答案之间进行联想，使双方形成更紧密的对应关系，这样一来，只要提起一方，我们就能马上想起另一方，经过有针对性的联想训练后，就能达到很好的记忆效果。

我们先来做一组简单的记忆力小测试：

世界上最长的河流是哪条河？最深的海沟是什么海沟？最大的高原是什么高原？……

郑和下西洋始于哪一年？唐太宗李世民哪一年即位？1949 年 10 月 1 日中国历史上发生了什么事情？……

珠穆朗玛峰海拔多少米？“十年生死两茫茫，不思量，自难忘”是哪位诗人所写？最早提出“民贵君轻”思想的人是谁？……

以上题目，你能答出几道？

在日常学习和生活中，我们常常需要记忆上面这样的信息，可很多时候，明明记得诗句却想不起诗人的名字，能想起历史上的大事件却总是记不住时间。为什么你无法获得理想的记忆效果？很有可能是记忆方法出了问题。

只要两个记忆对象间存在一一对应的关系，我们就可以运用对应联想法来记忆，比如《孔乙己》的作者是鲁迅、美国首都是华盛顿就符合一一对应的关系，而鲁迅的作品有《呐喊》《彷徨》《从百草园到三味书屋》等就不符合一一对应的原则。

对应联想训练

我们在两个记忆对象之间建立的对应联想越牢固紧密，记忆效果就越好。为了提升对应联想的能力，必须对大脑进行有针对性的训练。

一种方法是对两个毫无关联的词语进行关联训练。例如，“沙发—老鹰”，我们可以联想成一个又大又重的沙发压在老鹰的翅膀上，老鹰挣扎着想飞却飞不起来；“鸡蛋—荷叶”，我们可以联想成一个鸡蛋在硕大的荷叶上滚来滚去。以此类推。

值得注意的是，在进行对应联想训练时，一定要注意联想的顺序。如果我们联想的是荷叶包裹着一枚鸡蛋，那么记忆顺序就会出现偏差，变成“荷叶—鸡蛋”，从而导致记忆错误。为此，我们可以自行挑选毫无关联的两个词语，反复进行对应联想训练。

对应联想的要点

在运用对应联想时，一定要注意以下四点：

一是联想时要找到两个记忆对象的突破口，找到最容易建立联系的驻足点。

二是联想时可运用谐音、加减字等方法，例如记忆单词“Obama”，可借助“奥巴马”的谐音。

三是联想时要以简短为原则。联想过程越短，回忆起来越容易；相反地，联想过程越长，遗忘的风险也就越大。

四是一旦联想完成，就不要再更换联想的内容，虽然可能还有更好的联想，但频繁更换联想会造成记忆混乱。

对应联想的优缺点

对应联想是一种简单灵活、方便快捷的记忆方法，有助于我们在短时间内记住大量的短小知识，但它并不适用于所有的记忆任务。

这种方法有其劣势和不足之处，它的适用范围比较小，只适合一一对应、短小精悍的记忆对象，对于多层次、复杂的记忆内容则很难达到理想的记忆效果。

因此，在选择记忆方法时，一定要综合考虑记忆对象的具体情况。

3.3 串联记忆法

串联记忆法，顾名思义，就是根据记忆对象各自的特征和相互之间的联系，将它们串起来进行记忆的方法。

这种记忆方法和我们熟悉的冰糖葫芦很像，冰糖葫芦大家都不陌生，一根长竹签上串着多个山楂、外边裹上糖。串联记忆法就好比竹签，可以把多个记忆对象串起来，形成一个整体，提一个就可以想出一大串，是一种高效的记忆方法。

要想把多个记忆对象串起来，当然离不开联想。

我们可以通过联想，把要记忆的材料串联成一个整体的故事或者场景，利用记忆材料转化后环环相扣的特点，来达到最终的记忆目的。

与其他记忆法相比，串联记忆法能够记住更多的内容。

规律显示，人脑一次大概可以记忆10项内容，联想呈线性结构，回忆起来比较简单容易。这种方法尤其适用于记忆名词解释、多选、简答等有若干要点的内容，对于必须按照一定顺序记忆的信息，也有非常好的记忆效果。

那么，实战时如何运用串联记忆法呢？下面给出两个记忆案例。

用串联法记忆“战国七雄”

历史上，战国七雄是指战国时期的七个国家，分别是齐、楚、燕、韩、赵、魏、秦。这七个国家的名称之间毫无联系，记忆起来比较困难，经常发生遗忘某个国家的现象。

针对这种情况，我们可以借助谐音联想的方法，记作“七叔含烟找围巾”。

用串联法记忆金属活动性顺序表

金属活动性顺序表是初中学习中的记忆难点，各记忆对象之间不仅毫无关联，还要按照一定的顺序记忆，顺序错了就全错了。

对此，我们可以借助串联记忆法，将各个记忆对象串联在一起，形成一个整体来进行记忆。

金属活动性顺序为：钾、钙、钠、镁、铝、锌、铁、锡、铅、（氢）、铜、汞、银、铂、金。我们可以借助谐音和联想，将其转化为：加盖那美丽新贴，锡铅重统共一百斤。

重与轻相反，轻与氢谐音。如此一来，记忆难度就会大大降低，记忆的效率也随之提高。

通过上面两个案例，相信你已经掌握串联记忆法的精髓。

串联记忆法虽然高效，但也有缺点。这是一环套一环的线性联想方法，一旦其中一环中断，后面的就都想不起来了，所以要避免遗忘中间的任意一环。

此外，串联记忆法回忆起来比较费时，比如当我们需要提取其中的某个知识点时，只能从头到尾回想一遍，而无法直接回忆所需的内容。

需要强调的是，运用串联记忆法时，千万不要忘记开头的第一项内容，这也是最容易遗忘的部分，一旦忘了开头，后面的内容就会失去提取的线索，很难再回忆起来。

3.4 接近联想法

接近联想法，又叫时近联想法或者邻近联想法，是根据事物之间的邻近、时近等关系，进行由此及彼、由近及远、由表及里的联想记忆法。

对于输入的信息，人脑会进行编码整理，如果是同时或者先后经历的两件事情、接受到的刺激，大脑会优先进行联系并存储。这样，想起其中一件事情或受到其中一种刺激时，另外一件事情或刺激就会自动浮现在脑海中。

通过接近联想法，我们可以将新、旧知识联系起来，从而增加知识的凝聚力，大大提升记忆效率。

这种记忆法的关键是，有接近才能联想。换句话说，记忆对象必须在某些方面有接近联系，这样才能让人脑与外界的刺激产生关联，为联想奠定坚实的基础。一般来说，接近联系可以按照时间接近、空间接近和地理接近来分类。

时间接近

我们可以按照记忆信息的时间先后来进行联想，从而达到强化记忆的效果。

比如，一上午我们先是背诵了《出师表》课文，又背诵了 10 个英语新单词，接着又看了历史书……针对这些内容，我们可以时间接近为基础，辅之以“目录”的方式进行联想，首先把《出师表》、新单词、历史书罗列成目录的形式，接着用接近联想法将记忆对象转化为：诸葛亮先写《出师表》陈情，接着去了西方，结果语言不通，只好开始学习英语，学了 10 个英语单词，遇到一个外国人询问中国历史的相关问题。

空间接近

空间接近，即按照记忆对象空间上比较接近的特征，采用联想的办法加强记忆。

比如，学习第一次工业革命的内容时，我们可以运用空间接近的联想法，同时记忆这一时期英国、法国等欧洲国家的发展概况，以及中国当时的历史发展进程。这种同一空间的接近联想法不仅有助于我们强化记忆，还能扩展我们的横向思维能力，将所学的知识网络化、系统化。

地理接近

根据事物在地理上的接近进行联想也是一种有效的接近联想法。

比如，提到亚马孙平原时，我们很容易联想到亚马孙河，由此展开来，可以同时记忆亚马孙河的水量、季节变化、气候影响等众多知识点。同理，我们可以运用地理接近联想，同时记忆同一地区或毗邻地区的知识点，这样可以获得较好的抗遗忘效果。

3.5 类似联想法

研究发现，人脑受到刺激后，会自然想起与这一刺激类似的事物、经验或场景。人脑的这一相似联想功能，在发明和创造领域应用广泛。

鸟类能在天空中自由地翱翔，人类通过类似联想制造出了飞机；鱼类能在海底畅游，人类通过类似联想发明了外形酷似鱼的潜水艇……毫不夸张地说，在仿生学领域到处可见类似联想法的影子。

类似联想法不但可用于发明创造，还可在记忆领域大放异彩。借助人脑的这一记忆规律，我们完全可以通过有针对性的类似联想训练来强化大脑的记忆效率。

类似联想的思路

类似联想法的关键是找到记忆对象之间的相似之处。那么，怎样找相似点呢？是否有一些思路可供选择或借鉴？

现实生活中，有很多类似联想的思路，比如按照形状类似、颜色类似、硬度类似、产地类似、味道类似、重量类似、属性类似、质地类似、结构类似等进行联想。在实际记忆时，我们可以选择最适合自己且更符合记忆对象特征的类似联想思路。

类似联想的训练

和其他记忆法一样，类似联想法必须经过针对性的训练，才能产生良好的效果。

比如记忆英语单词，我们可以对字形相似的单词进行编组："like—hike""arise—raise""praise—precise"" light—night"……然后借助类似联想法记忆，"喜欢"只有一条腿（"l—like"），两条腿（"h—hike"）的是徒步旅行。

这种类似联想法非常适合记忆容易混淆的相似内容，它的准确性很高。除了按照字形相似分类外，我们还可以按照发音类似、意义相似等进行编组记忆。

实践证明，类似联想法是一种高效的记忆方法，目前已经在国内多所学校推广，帮助学生进行识字学习。经过相关训练的学生，两年内识字量达 2500 个，可无障碍阅读一般的书籍和报纸，这样的识字速度大大超过常规识字记忆法。

通过类似联想法来识字并不复杂，先把字形、字音相近，能互相联想的字编成组，比如"扬、肠、场、畅、汤"；然后运用类似联想法来记忆，这样每组汉字都有共性，学生们自然可以学得更快、记得更牢。

不过，类似联想法也有缺陷。这种方法适用范围窄，只适用于记忆对象之间存在共同特征的记忆任务，以及记忆对象与大脑中已有经验、知识有相似之处的记忆任务。

3.6 对比联想法

对比联想，即因对比关系从 A 事物想到 B 事物的一种联想心理活动。由白天想到黑夜，由红色想到绿色，由晴天想到雨天，由高山想到流水……这都属于因对比关系引起的联想，即对比联想。

语文教学中的反义词学习就属于典型的对比联想记忆。如果我们能在学习或记忆中，巧妙灵活地运用对比联想法，不管学习效率还是记忆效果都会得到大幅提升。

对比联想阅读法

阅读是我们获取知识的重要途径，人终其一生都离不开阅读，因此掌握一种高效的阅读方法就显得十分必要。

对比联想阅读法，是指读者在阅读知识后产生与书中内容完全相反或直接对立的联想。这种阅读法，一来可以加深我们对书中内容的记忆；二来可以拓展我们的思维，换一个角度看问题，可能会有了不起的发现。

英国物理学家开尔文读到“巴斯德成功证明细菌可以在高温下被杀死，食物煮沸后可加以保存”时，并没有满足于这一知识本身，而是进行了对比联想，“既然高温能杀死细菌，那低温是否也能杀死细菌呢？食物煮沸后能保存，低温下是否也能保存？”正是对比联想帮助开尔文创造了冷冻的新工艺，我们今天才得以使用冰箱来保存食物。

不光是阅读，我们的大脑每天都会接受各种各样的信息，新闻、资讯、他人的话语等。对于这些信息，不妨多运用对比联想，尤其是事关重大的信息，要学会多站在反面想一想，一来可以避免遗忘重要的信息，二来还能更全面地认识事物的本质。

对比联想的特征

通常，对比越鲜明、越突出、越具有刺激性，人脑的记忆就越深刻。所以，在运用对比联想记忆法的时候，记忆对象之间的对比度一定要维持在较高的水平，只有两者的反差足够大，才能达到较好的记忆效果。

比如，数学中的加减乘除、化学中的元素特性等，都可以通过对比联想法进行记忆。

不过，并不是所有事物都能找到与之相反的事物，比如钟表、电扇、具体历史事件等，就很难运用对比联想法进行记忆。对于难以找到对比事物的记忆对象，则不太适合使用对比联想记忆法。

总的来说，这是一种适用范围比较窄的记忆方法。

3.7 因果联想法

因果联想法，即根据记忆对象之间的因果关系来进行联想记忆的方法。这种记忆方法主要借助关系进行联想，引导人脑进行思考，从而深入理解记忆对象之间的关系，使记忆内容从杂乱变得有规律可循，由此降低记忆难度，提升记忆效率。

因果关系是现实生活中一种非常普遍的逻辑关系，存在于诸多事物中。比如，地球自转→地转偏向力→盛行风向→洋流的流向，下雨→地面积水→河流汛期→洪涝灾害→抗洪救灾……这些事物之间都存在因果联系。

因果联想法就是借助这种因果联系，通过联想来强化我们的记忆力。历史的发展、化学中的化学方程式都非常适合采用这种记忆方法。

以历史领域的应用为例。任何历史现象都有其产生的原因，历史的发展本身就是环环相扣的，因此因果联想法在历史教学中有着非常广泛的应用。

我们可以通过历史事件之间的因果关系来展开联想，比如原始社会的瓦解可以层层联想，形成一个完整的因果链条：生产工具进步→生产力获得发展→产品产生剩余→私有制产生→阶级国家形成。借助这一因果链条，我们记忆的信息就有了内在的逻辑关联，记忆起来更加牢固，也更容易被唤起。

通过结果倒溯原因也是一种因果联想法，比如清朝初期资本主义的萌芽十分缓慢，倒溯这一历史现象的原因并进行联想，我们很容易回忆起如下原因：清政府闭关锁国政策的影响；自给自足的小农经济占主流，商品化程度低；农民赋税比较重，缺乏购买力；地主、商人崇尚买田置地，手工业发展缓慢；关卡重重，对商品征收重税等。

在运用因果联想法的过程中，一定要明确记忆对象之间的因果关系。因果关系的表现是多种多样的，既可能是一因一果，也可能是一因多果或多因一果等，对此我们要多加注意、仔细识别。

除了因果联想，我们还可以借助记忆对象之间的从属、并列等关系来联想，从而增强知识的记忆效果。比如，可以借助从属关系联想来记忆：总星系→银河系→太阳系→地月系；也可以借助并列关系联想来记忆：风化作用→侵蚀作用→搬运作用→沉积作用→固结成岩作用。

3.8　联系愉快经历法

奥地利心理学家弗洛伊德提出潜意识的概念，他认为：凡是威胁自我的记忆，都无法直接出现在意识当中，会被我们自动打入潜意识层面进行封存，基本难以再重新唤起；而那些令人愉悦的记忆则会被存放在意识的表层，我们很容易提取出来，唤起回忆。

换句话说，人脑在记忆信息的过程中是有偏好的，我们更倾向于记忆那些令人愉快的、轻松的信息，记忆这类信息往往效率更高，记得更牢固；厌恶记忆那些悲伤的、痛苦的、枯燥的、无趣的信息，记忆这类信息则相对困难，而且更容易遗忘。

联系愉快经历法就是借助人脑的这一记忆规律，结合愉快的经历来进行联想，给这些信息穿上一层“糖衣”，这样记忆效果就会大大增强。

联系愉快经历法的运用

联系愉快经历法是利用联想在记忆中的作用，增加记忆对象和记忆过程趣味性的记忆方法，尤其适用于记忆枯燥、单调、无趣、令人反感、让人抵触的信息。

比如，对于比较枯燥、抽象的细胞、光合作用等生物知识，我们可以展开以下联想：

在一个阳光明媚的早晨，我们和好朋友在野外玩耍，一路上看到了很多大树，翠绿的叶子正在进行光合作用，叶绿体忙碌地工作着……一路前行，令人惊喜的是，竟然还在一棵大树下发现了几朵野生蘑菇，仿佛看到蘑菇的一个个孢子……

联想把原本枯燥、无趣的知识融入令人愉快、放松、开心的经历中，从而消除我们对记忆知识点的抗拒心理，记忆自然变得更加容易。

记忆时要保持愉快心情

人们在记忆信息时，会受到当时的心情、情绪状态的影响。一般来说，心情好则记忆效果好，心情差则记忆效果差。

弗洛伊德在《梦的解析》一书中指出：梦不是偶然形成的联想，而是压抑的欲望。痛苦的经历之所以会在梦中出现，是因为人在睡眠时，潜意识通往意识的防守变得薄弱，一些被压抑在潜意识中的记忆会趁机溜进意识中。

因此，不管需要记忆的内容有多难，都不要愁眉苦脸，否则令我们痛苦的这段记忆就会被压抑到潜意识中，只有在睡眠时才可能被偶尔唤醒。如果你不希望自己辛苦记忆的知识被打入潜意识的冷宫，那么在记忆时就要保持一种愉快的心情。

3.9　比喻记忆法

比喻是人们熟知的一种修辞手法，无论说话还是写文章，都会用到它。通过比喻，我们的表达会更生动、更贴切，也更容易理解。

所谓比喻记忆法，顾名思义，就是运用比喻对记忆材料进行修饰处理，从而让抽象的信息变得形象具体，更符合右脑形象记忆的特征，最终达到提高记忆效率的目的。

通常，越是新鲜有趣的比喻，越容易被纳入人脑已有的知识结构中，越容易给人留下深刻的印象。

比喻记忆法的关键是用比喻对记忆材料进行加工，加工的好坏直接影响记忆效果。那么，怎样运用比喻加工材料呢？具体要遵循哪些原则？

变抽象为具体

将抽象的记忆材料比喻为具体、形象的事物可以加深大脑的记忆。

比如，对于大气运动中看不见的气流，我们可以将其比喻为四处流动的水；记忆 DNA 的分子结构时，我们可以将其想象成两条相互纠缠的蛇……

变深奥为浅显

东汉哲学家王充说："何以为辩，喻深以浅。何以为智，喻难以易。"这句话告诉我们，要学会用浅显的话来说明深刻的道理，用易懂的例子来说明难懂的问题。

比喻记忆法也要遵循这一原则，将深奥晦涩的知识比成浅显易懂的事物，以此来提高记忆效率。比如，生物学中的遗传规律，直接记忆十分困难，如果将其比成一对双眼皮夫妻，生出的孩子是双眼皮还是单眼皮的具体问题，记忆则会变得很简单。

变平淡为生动

平淡的信息也不容易被记住，我们可以借助恰当的比喻，让平淡的事物变得更加生动有趣，如此一来，就能够引起大脑的兴趣。

比如，《水浒传》“鲁提辖拳打镇关西”一节中的比喻就达到了变平淡为生动的效果：“直打得他像是开了个酱油铺，咸的、酸的、辣的，一发都滚出来……也似开了个彩帛铺，红的、黑的、紫的，都绽将出来。”

在使用比喻记忆法时，我们要善于借助比喻，将平淡的记忆材料变得生动有趣。

变未知为已知

记忆闻所未闻的信息时，我们可以通过比喻将未知的、不熟悉的记忆材料比成自己熟悉的事物，以此来降低记忆难度。

比如，孟繁兴在《地震与地震考古》中，将地球比作鸡蛋，地壳就好比鸡蛋壳，地幔就好比蛋清，地核则好比蛋黄……如此一来，地球结构的知识点就可以和人们熟悉的经验联系起来，从而更容易理解和记忆。

运用比喻记忆法时，一定要善于钻研比喻的技巧和方法，不管怎样比喻，一定要本着形象贴切、浅显易懂的原则，只有这样才便于大脑进行记忆。

第 4 章

编码记忆法

4.1 编码记忆法简介

人脑通过听觉、视觉等感官来获取外界信息，之后大脑会对这些信息进行加工，将其转换成各种不同的记忆代码，从而形成客观物理刺激的心理表征，最终达到记忆的目的。

编码记忆法，顾名思义，就是运用人脑对不同记忆代码的差异化记忆规律，将需要记忆的信息转化成人脑更容易记住的编码的一种记忆方法。

在人脑的整个记忆系统中，编码的形式多种多样，层次和水平也各不相同。按照信息来源分类，编码的形式可分为听觉编码、视觉编码、语言编码等。按照编码原理分类，编码的形式又可分为谐音编码、形象编码、逻辑编码、故事编码等。

编码记忆法的重点和难点在于编码，编码的强弱直接影响着记忆的效果。此外，情绪也会对记忆效果产生影响，强烈的情绪体验可以强化记忆效果。所以，我们在编码的过程中一定要注意选取适合自己的编码形式和方法。

编码记忆法的三要素

研究发现，要想依靠编码记忆法获得超群的记忆能力，必须具备以下三个要素：

一是意义编码。从意义层面上加工获取的信息，将其与大脑已存储的信息相联系，这种形式的编码会让我们的记忆更加深刻，比如理解后的记忆比死记硬背更容易。

二是提取结构。如果无法顺利地从大脑中提取信息，就会发生遗忘，所以信息的提取结构非常重要。将线索与信息一起存储有助于信息的提取和记忆的重新唤起。

三是加速。只有勤加练习，让编码和提取信息的过程变得更快更顺畅，才能取得更好的记忆成绩。实践表明，长期练习可以让编码加工和提取信息达到自动化的程度。

找到适合自己的编码

虽然有不少记忆大师的成熟编码办法可以借鉴，但编码记忆过程中的编码系统并不是固定、唯一的。由于个体在知识、思维、经历、记忆偏好等方面存在差异，直接照搬别人的编码法可能存在这样或那样的不足。要想获得更好的记忆效果，就要在实践中不断摸索，找到适合自己的编码形式和方法。

编码时，要从自身的生活、学习和工作背景出发，编制符合自己记忆习惯的编码词。

此外，还要在记忆的练习过程中，仔细体会不同编码词的优劣，对其进行优化。比如数字 5，既可以运用形象相似的特点，将编码词设定为钩子，也可以运用谐音的办法，将编码词设定为虎。不同的编码词在实际记忆中会产生不同的效果。

值得注意的是，对于学习编码记忆法的新手来说，在尚未熟悉记忆编码词的情况下，最好不要随意更换编码词，否则很容易在记忆过程中产生混乱，给大脑造成不必要的记忆负担。

4.2　谐音记忆法

我们日常记忆的材料大多是文字性材料，从广义上来说，这类文字性的记忆材料主要由两部分组成：语音、语义。

谐音记忆法，顾名思义，就是运用读音相似或相同的方式，将所需记忆的抽象内容与大脑已经存储的熟悉的内容相联系，从而进行记忆的一种技巧和方法。

谐音记忆法是一种生动、有趣的记忆方法，尤其适用于抽象、难记、无明显联系、琐碎的记忆材料，比如统计数字、历史年代、化学知识等。

应用实例一

长串数字是一个记忆难点。

日常生活中，我们常常需要与长串数字打交道，不管是电话号码、身份证号码，还是银行卡账号、密码，或者QQ、微信、游戏、工作等各种账号以及登录密码，都需要有良好的记忆力。

然而，各种名目繁多的账号、密码常常让大脑陷入混乱之中。这时，谐音记忆法就派上用场了。

比如，记忆手机号码15898549958时，我们可以运用谐音将其记为：我要发，就发五次，救救我吧！

再比如，记忆圆周率3.1415926535897932384626时，我们可以运用谐音将其记为：山巅一寺一壶酒，尔乐苦煞吾，把酒吃，酒杀尔，杀不死，乐而乐。

实际上，关于数字谐音的记忆方法，绝大多数年轻人都不陌生。

520——我爱你

5201314——我爱你一生一世

88——拜拜

9494——就是就是

……

以上这些网络用语，你是不是非常熟悉？其实，这种用数字委婉表达意思的网络用语也运用了数字谐音的原理，与谐音记忆法记忆数字大同小异。

应用实例二

“泰姬陵我知道，是泰国的一个旅游景点，据说全是用白色大理石建造的，很漂亮……”

“我有一个好朋友也是河北人，他家在大连……”

你有没有闹过这样的地理笑话？实际上，泰姬陵地处印度，而非泰国；大连不属于河北省，而是辽宁。这些都是记忆惹的祸，很多地理知识散碎且没有什么规律性，运用谐音来记忆是一种不错的选择。

比如，记忆亚洲和欧洲的分界线：乌拉尔山—乌拉尔河—大高加索山脉—土耳其海峡。我们可以运用谐音记为——呜呜大哭，“呜”与“乌”读音相同，“哭”与“土”读音相似，如此一来，我们就能轻松记住四个地点的首字，整体记忆也就变得简单容易。

再比如，按照面积从大到小记忆七大洲：亚洲、非洲 、北美洲、南美洲、南极洲、欧洲、大洋洲。我们可以运用谐音记为：鸭飞北南美，难及欧大洋。

此外，谐音记忆法还可用于记忆历史年份和历史事件。

比如，记忆公元 618 年李渊建立唐朝，可运用谐音记为：李渊见糖（建唐）搂一把（618）。

再比如，记忆《南京条约》开放的五个通商口岸：广州、厦门、福州、宁波、上海，可运用谐音记为：光（广州）下（厦门）不（福州）能（宁波）上（上海）。

注意事项

谐音记忆法是一种简单、有效的记忆方法，这种记忆法适用范围比较窄，只能用于记忆材料和已掌握知识读音相似或相同的情况。这就要求我们在运用这一记忆方法时，千万不要为了谐音而谐音，否则很容易陷入记忆的泥沼，人为地加大记忆难度。

4.3 图像记忆法

图像记忆法，即运用人脑对图像记忆的偏好性，将我们熟悉的图像作为记忆底板，然后通过奇特联想，将需要记忆的信息或对象通过联想转化为我们熟悉的图像进行记忆的一种记忆方法。这种方法以联想为基础，需要充分挖掘大脑中的各种奇特形象，图像越是新奇、有趣，记忆效果就越好。

所以，我们在使用图像记忆法时，要尽量运用联想法构建出荒诞、稀奇、古怪的形象，使其具有吸引力和刺激性，如此一来，记忆自然会变得很深刻。

记忆英语单词

初学一门语言时，记忆单词是一大难点。以下我们以英语为例，说明如何运用图像记忆法来达到更快、更准记忆的目的。

记忆英文单词 tea（茶），我们可以联想出如下图像：

长着叶子的 tea 很容易让我们记住其汉语意思是茶，且生动的形象还能消除我们记忆枯燥内容时的反感和抵触，大大提高我们的记忆效率。

记忆英文单词 buy（购买），我们可以联想出如下图像：

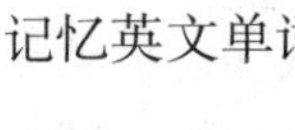

逛超市买东西是我们非常熟悉的生活场景，将这一英语单词与超市的购物车联系起来，我们自然可以记得轻松又准确。

记忆英文单词 fish（鱼），我们可以联想出如下图像：

鱼是日常生活中常见的一种食材，当我们将单词与鱼的形象联系起来后，抽象的单词记忆任务就变成了形象具体的记忆任务，记忆难度大大降低。

记忆文言文

在语文学习中，唐诗、宋词以及各个时期的文言文，对于很多小伙伴来说，都是一个记忆难点。由于古代与今天的书面语言发生了非常大的变化，我们用白话文的思维很难记忆古人留下的晦涩难懂的文章。这时，图像记忆法可以帮助我们记忆。

古人写文章，非常注重意境，换句话说，很多诗歌、文言文描写的场景都可以“成图成画”，非常适合运用图像记忆法。

例如，记忆杜甫的诗歌：

两只黄鹂鸣翠柳，一行白鹭上青天。
窗含西岭千秋雪，门泊东吴万里船。

我们可以联想为以下画面：

站在窗前，看见门前翠绿的柳树上两只黄鹂在鸣叫，一排白鹭正在朝着蓝天飞翔。远处能看到西岭山顶上终年不化的积雪，门前的岸边停泊着从东吴不远万里驶来的船只。

这种图像记忆法能够让我们快速将四句诗歌紧密排列在一起，形象的画面对我们记忆诗句非常有帮助。

如果说唐代的诗歌大多通俗易懂，记忆难度不大，那么年代更久远的

《诗经》则称得上是天书了。尽管《诗经》看起来“高不可攀”，但同样可以运用图像记忆法来记忆。

例如，记忆《诗经》中的著名篇章“蒹葭”：

蒹葭苍苍，白露为霜。所谓伊人，在水一方。溯洄从之，道阻且长。溯游从之，宛在水中央……

我们可以联想为以下画面：

大片的芦苇青苍苍，清晨的露水变成霜。我怀念的心上人啊，就站在对岸河边上。逆流而上去追寻她，追随她的道路险阻又漫长。顺流而下寻寻觅觅，她仿佛在河水中央……

有了这些具体的画面，记忆起抽象难懂的《诗经》就会容易得多。

图像记忆法训练

研究证明，图像记忆法比传统声音刺激记忆的效率高 3—10 倍，是一种非常高效的记忆方法。其要领是，图像必须夸张、有趣、稀奇，能够给大脑造成比较强烈的刺激，如果是平淡无奇的图像则达不到较好的记忆效果。

要想运用这种记忆方法达到更好的记忆效果，就必须对大脑进行想象和联想训练。以下提供两种简单的训练方法。

一是强化大脑呈现画面的能力。

在日常学习、阅读中，要有意识地在头脑中以图像的形式来呈现画面，比如看到“柠檬”一词时，想象新鲜橙黄的柠檬样子，想象切开柠檬时饱满的汁水以及酸爽的味道。再比如阅读一个故事时，要努力想象主角的样子，出场时的言谈举止、音容笑貌、穿着打扮等，想象随着故事展开后的一幕幕情景，就像观看电影时那样在脑海中不断播放。

这种训练能够强化大脑的转化能力，帮助我们提高将记忆材料转化为图像的效率，从而有利于提高记忆速度。

二是放飞你的想象力。

平淡无奇的画面和图像并不容易被记住，所以图像的独特性非常重要，而独特的图像则来源于我们的想象力。正如爱因斯坦所说："想象力比知识更重要。"在图像记忆法中，这点同样适用。只要我们能够激活自己的想象力，哪怕想象的画面多么离奇、多么不可思议，都有助于我们更高效地记忆。

4.4　编故事记忆法

从小时候听父母讲睡前故事，到童年时看动画片，青春期看韩剧，再到长大后看美剧，可以说，每个人都在故事中长大。不管年龄大小、学识多少，故事都是大家喜闻乐见的一种文艺形式。

所谓编故事记忆法，就是将需要记忆的对象转化为有情节、有趣味的故事进行记忆的一种技巧和方法。

编故事记忆法真的有效吗？相信大多数人都有这样的体会，听别人讲故事很容易记住，远比自己看书的效果好，这就是故事的魅力所在。

那么，怎样才能更好地运用这种记忆法呢？

应用实例

化学元素是公认的记忆难点，这些记忆材料十分枯燥，有很多生僻字，日常阅读中很少见，常常让人望而生畏，产生很强的抵触心理。其实，对于这种内容，我们可以运用编故事的方法来协助记忆。

比如，记忆细胞内包含的氮、硫、磷、氯、钠、钙、钾、氧、镁、碳、碘、锌、钡、钴、锶等化学元素，我们可以用编故事的方法记为：

细胞是个生命工厂，这个工厂生产的产品主要是氢弹（氮）。厂里有个代号为606（硫、磷、氯）的技术员，他常常手拿（钠）铁盖（钙），骑假羊（钾、氧），在厂里传为美谈（镁、碳）。他最喜欢的食物是铜点心（碘、锌），吃完点心后就背古诗（钡、钴、锶）。这真是一个超级奇怪的工厂。

原本枯燥晦涩的记忆对象，经过编故事的改造后，瞬间就变成了诙谐有趣、形象具体的记忆内容了。这就是编故事记忆法的奥妙所在，它能寓学于乐，帮助我们轻松愉快地记住枯燥无趣的内容。

编故事的规则和方法

编故事记忆法的关键在于故事，故事编得好不好直接影响到记忆效果。那么，怎样编出更容易被记住的故事呢？这里面有一套规则和方法。

第一步：做减法。

首先，将需要记忆的材料进行精简，找到核心的记忆要点。

比如，记忆下面一段材料：

著名无产阶级文学家鲁迅先生的作品非常多，比较有代表性的有《阿Q正传》《孔乙己》《狂人日记》《藤野先生》《从百草园到三味书屋》《呐喊》《彷徨》《祝福》等。

做减法，精简后可提取出如下记忆要点和关键词：鲁迅、《阿Q正传》《孔乙己》《狂人日记》《藤野先生》《从百草园到三味书屋》《呐喊》《彷徨》《祝福》。

第二步：做乘法。

所谓做乘法，就是在关键词的基础上进行想象，将关键词转化为具体、清晰的图像，为后面编故事准备好各类角色。

比如，将阿 Q 和孔乙己想象成鲁迅的朋友，将《狂人日记》想象成一出戏的名字，将《藤野先生》想象成戏中主角的名字，等等。

第三步：做加法。

把想象出来的各个图像，也就是角色，通过拼接、组合等方式串联起来，形成一个完整的故事。在这个过程中，要注意使用夸张、转折等手法，以便使故事变得更加丰富有趣。

比如，上面关于鲁迅先生代表作这一记忆材料，通过编故事的方法可记为：

鲁迅有两个好朋友，一个叫阿 Q，一个叫孔乙己。这天，鲁迅先生很无聊，于是约了这两位朋友去看戏，戏的名字叫《狂人日记》，主角叫藤野先生。他从百草园走到三味书屋，一直在大声呐喊，天黑了他还在到处彷徨，也不回家，直到遇到一位医生看出他是病了，给他开了药，并祝福他尽早康复。

总的来说，编故事记忆法是一种非常有效且使用范围广泛的记忆方法。

值得注意的是，尽管它与图像记忆法有相似之处，但两者并不相同，差异如下：一是编故事记忆法是连续的，有情节，有地点、场景变化等，就好比动态的视频、电影；而图像记忆法则是静态的图像，就好比一幅不动的画卷。二是两者的记忆容量不同，编故事记忆法一次记忆的内容要远远大于图像记忆法。

在实际记忆时，我们可根据记忆容量来选择最适合的记忆方法。

4.5 口诀记忆法

口诀记忆法，又叫歌谣记忆法，是一种根据记忆对象的特点，将其编成歌谣、民谣、口诀、顺口溜等来加强记忆的一种记忆方法。

口诀记忆法历史悠久。远古时代，文字还没有诞生，部落与部落之间只能通过口头语言传递消息，可部落之间距离遥远，加之没有便利的交通工具，传递消息的人只能先硬记住消息，然后依靠双腿走上很久甚至几天去传递消息。为了避免遗忘，就通过编成歌谣、顺口溜等形式来巩固记忆。这就是最原始的口诀记忆法。

后来，经过几千年的发展和完善，最终形成今天更科学、更有效、更系统的记忆方法。

应用实例一

一年24节气相信大家都不陌生，按照时间先后顺序，24节气分别为立春、雨水、惊蛰、春分、清明、谷雨、立夏、小满、芒种、夏至、小暑、大暑、立秋、处暑、白露、秋分、寒露、霜降、立冬、小雪、大雪、冬至、小寒、大寒。

这一组记忆内容有固定顺序，项目繁多且琐碎，要想完整不漏、不颠倒顺序地记住，实在是一件有难度的事情。除此之外，每个节气间隔半个月，每个月有两个节气。通常，上半年一个在6日，一个在21日；下半年则一个在8日，一个在23日。

当然，这个规律并不完全准确，有时存在一两天的变动。既要记住24个节气，还要记住这些规律，怎样记呢？方法是把它们编成歌谣，再记忆起来就容易多了。

运用口诀记忆法，我们可以将其记为：

春雨惊春清谷天，
夏满芒夏二暑连。
秋处露秋寒霜降，
冬雪雪冬小大寒。
上半年逢六廿一，
下半年逢八廿三。
每月两节不更变，
最多相差一两天。

这就是我们非常熟悉的《二十四节气歌》。还有人以此为基础，创作出可以传唱的歌曲，使得这一原本不容易记忆的内容，成为大人小孩脱口而出的常识。

应用实例二

很多记忆力超群的人都擅长口诀记忆法，比如周恩来总理，就曾将全国三十个省市自治区的名称编成便于记忆的歌诀：

两湖两广两河山，三江云贵吉福安，双宁四台天北上，新西黑蒙青陕甘。

这则短小精悍的歌谣很容易记，包含的内容也十分丰富。“两湖两广两河山”指湖南、湖北、广东、广西、河南、河北、山东、山西，“三江云贵吉福安”指江苏、浙江、江西、云南、贵州、吉林、福建、安徽，“双宁四台天北上”指宁夏、辽宁、四川、台湾、天津、北京、上海，“新西黑蒙青陕甘”指新疆、西藏、黑龙江、内蒙古、青海、陕西、甘肃。

注意事项

口诀记忆法的关键是抓住记忆对象的核心和关键词。在编口诀或歌谣时要注意，所编内容必须准确反映记忆对象和内容。此外，口诀或歌谣要尽量简短，这样记忆起来才容易。如果口诀过长，很容易产生遗忘，进而影响记忆效果。

编口诀或歌谣时，要本着念起来朗朗上口、理解起来简单容易的原则，千万不能生搬硬凑，更不能乱编，如果编出来的口诀和歌谣连自己都看不懂、读不通，不仅起不到帮助记忆的作用，反而会增加记忆难度，最终得不偿失。

此外，押韵是编口诀或歌谣时的有力工具，越是韵律整齐、结构严谨的口诀或歌谣，记忆起来越容易。因此，在使用口诀记忆法时，要注意这一点。

需要注意的是，尽管有不少现成的口诀或歌谣可以帮助我们记忆，但一来这些口诀或歌谣只适用于记忆固定内容，二来并不是我们本人编写的，熟悉起来需要一个过程。所以，最好的口诀应当是根据记忆内容自己亲自编写，这样的内容更容易在大脑中留下深刻印象。

很多人认为，编口诀或歌谣是一件很困难的事。但其实，只要我们留心记忆内容的特点，找到关键的记忆字词，就能将其转化为容易记忆的口诀或歌谣。

第 5 章

定桩记忆法

5.1 定桩记忆法简介

定桩记忆法，顾名思义，就是先把一些事物或地点设为桩子，熟记这些桩子后，把我们需要记忆的信息，通过联想的方式与这些桩子建立一定的联系来进行记忆的一种方法。这样在回忆的时候，只要借助事先熟记的桩子，我们就能联想到记忆的内容。

定桩记忆法属于图像记忆法，最早可追溯到古罗马时期。

据说，古希腊著名思想家亚里士多德十分擅长用宫殿的柱子作为桩子来进行记忆。为了让自己的言论更具说服力，他经常四处游学，需要记住数量庞大的典籍和数据等，亚里士多德就是使用这种记忆方法来完成海量内容记忆的。由于亚里士多德擅长将宫殿柱子作为桩子，因此定桩记忆法又叫宫殿记忆法。

如今的定桩记忆法，经过现代记忆术的发展和深化，已经远比亚里士多德所运用的宫殿记忆法更加丰富。

定桩记忆法的分类

定桩记忆法的核心是桩子，并不是所有信息都适合充当桩子。一般而言，桩子需要具备两个特点：一是能够进行清晰的排序，二是很容易牢记于心。

实际记忆时，可充当桩子的对象很多，亚里士多德使用的宫殿柱子只是其中一种。按照使用的桩子不同，定桩记忆法可细分为以下几大类：

数字桩：将数字编码作为桩子的定桩记忆法。

字母桩：将字母编码作为桩子的定桩记忆法。

地点桩：将地点编码作为桩子的定桩记忆法。广义的地点桩不仅包括具体的地点，还包括地点上的物体，如一座房子、一个宫殿，或者小到墙上的挂钩、牙刷头等。因此，也有人将其称为宫殿记忆法或挂钩记忆法等。

身体桩：将身体不同部位编码作为桩子的定桩记忆法。

人物桩：将不同的人物形象编码作为桩子的定桩记忆法。

定桩记忆法的三大步骤

定桩法的记忆原理，就是运用桩子在大脑中创建分类文件夹，只要我们把需要记忆的信息放入这些熟悉的文件夹中，记忆就会变得相对容易，因为在需要提取记忆的信息时，直接找到存储它的文件夹就可以了。

这种创建文件夹的记忆方法尤其适合记忆海量信息。

那么，实际生活中，如何运用定桩记忆法呢？一般来说，要遵循以下三个步骤：

一是建立桩子。

也就是在自己的大脑中，建立诸多可以存放记忆内容的文件夹。建立的桩子必须层次清晰，可以不断进行重复记忆，以达到不假思索就能脱口而出的程度。

桩子的类型没有限制，既可以是数字桩、字母桩，也可以是地点桩、人物桩。每个人对不同种类桩子的记忆偏好不同，我们可以选择自己喜欢、更容易记忆的桩子作为记忆辅助工具。

二是进行记忆。

我们可以通过联想，把需要记忆的信息按照顺序逐一联结到桩子上，这样就相当于把信息储存到大脑的文件夹中。

在这个阶段，通过联想联结桩子是重中之重。为了更清楚直观地说明这一过程，我们以数字桩为例，给数字“1”编制的桩子为金箍棒，这样记忆 0.11 时，就可以将其联想为“孙悟空有两个金箍棒，一个围着唐僧画了一个保护圈，一个在右边戳了一个点”。如此一来，金箍棒就很好地将数字桩与要记忆的内容联系起来了。

三是记忆巩固。

桩子的记忆并不是孤立的，由于我们编制的桩子有一定的顺序，所以只要按照桩子的顺序，采用链式方法将记忆对象串联起来，记忆的信息就不容易被遗忘了。

5.2 数字桩

三十六计大家都不陌生，但其中的兵法策略记忆起来却非常困难，我们常常无法记全。不过，如果善用数字桩，那么记忆将变得轻松简单。

首先，我们需要编制一套数字桩，并将其反复熟记：

0（鸡蛋）1（树）2（鸭）3（耳）4（船）5（虎）6（勺）
7（镰刀）8（葫芦）9（酒）10（台球）11（光棍）12（食饵）
13（石山）14（市肆）15（石虎）16（石榴）17（石器）18（石坝）
19（狮鹫）20（耳饰）21（二姨）22（鸳鸯）23（乔丹）24（表）
25（二虎）26（双勺）27（耳机）28（恶霸）29（二舅）30（三石）
31（三姨）32（扇儿）33（三山）34（绅士）35（山虎）36（山鹿）

数字编码通常可以编到 100，不仅可以用来记忆三十六计，还可以用于记忆其他各类信息。现仅以记忆三十六计为例来说明这一记忆方法。

第 1 计：瞒天过海。1 的编码是树，可联想为自己藏在树洞里，瞒过了天上的人，漂着过海了。

第 2 计：围魏救赵。2 的编码是鸭，围魏谐音微微，可联想为一群鸭子微微笑着救赵薇。

第 3 计：借刀杀人。3 的编码是耳，可联想为自己要借一把刀杀人，为避免走漏消息，需要趴在别人耳边小声说话。

第 4 计：以逸待劳。4 的编码是船，可联想为坐在船上，有风吹来，不划船就能前行，这就是以逸待劳。

第 5 计：趁火打劫。5 的编码是虎，可联想为一群山贼在打劫，突然窜出一只因山里着火而逃亡的老虎。

第 6 计：声东击西。6 的编码是勺，可联想为自己是个厨师，拿着勺子一会儿敲冬瓜，一会儿敲西瓜。

第 7 计：无中生有。7 的编码是镰刀，可联想为拿镰刀收割麦子时，发现地里有五盅生油，五盅生油正好与无中生有谐音，可帮助记忆。

第 8 计：暗度陈仓。8 的编码是葫芦，可联想为晚上要去黑暗的仓库，实在有点害怕，带一葫芦酒好壮胆。

第 9 计：隔岸观火。9 的编码是酒，可联想为坐在一条河的对岸，一边喝着酒一边观察对岸的焰火表演。

第 10 计：笑里藏刀。10 的编码是台球，可联想为打台球的时候，对手在坏坏地笑，一看就不怀好意，笑里藏刀。

第 11 计：李代桃僵。11 的编码是光棍，可联想为李天师为了修炼一直是光棍，经常拿着桃木剑去捉僵尸。

第 12 计：顺手牵羊。12 的编码是食饵，可联想为猎户想上山打老虎，可是没有食饵。怎样吸引老虎出来呢？他想到一个办法，出门打猎时顺手牵上自家养的一只羊作为食饵。

第 13 计：打草惊蛇。13 的编码是石山，可联想为老鹰飞到一座石山上，刚巧发现草丛里有美味的食物——蛇，于是准备寻找时机捕食，谁知道这时有人打动了周围的草，蛇受惊一下子跑掉了。

第 14 计：借尸还魂。14 的编码是市肆，可联想为正在下葬的人，突然又活了过来，大家都被吓到了。幸亏来了一位仙人，道出并非此人死而复生，而是有妖物借尸还魂。

第 15 计：调虎离山。15 的编码是石虎，可联想为一姓石的富豪想抓一只老虎做宠物，于是专门调来了大车，把捕获的老虎带离了山林。

第 16 计：欲擒故纵。16 的编码是石榴，可联想为一个叫石榴的姑娘，非常喜欢自己的老板顾总。这天她看顾总睡着了，就欲亲顾总（欲擒故纵）。

第 17 计：抛砖引玉。17 的编码是石器，可联想为一个叫石器的地方非常有趣，只要人们抛出转砖头，就能引出一只玉蟾来。

第 18 计：擒贼擒王。18 的编码是石坝，可联想为一个神勇的大将军在石头大坝上擒贼，竟然一下子擒到了这群贼的王。

第 19 计：釜底抽薪。19 的编码是狮鹫，可联想为一只狮鹫被放在一种叫釜的锅里，下边烧着火，眼看就要沦为盘中餐。这时它的同伴赶到，把釜底的薪柴抽走了，它得救了。

第 20 计：浑水摸鱼。20 的编码是耳饰，可联想为姑娘的耳饰不小心掉进河里了，她下水之后反复寻找，不一会儿水都浑了，竟然趁机摸到了鱼。

第 21 计：金蝉脱壳。21 的编码是二姨，可联想为二姨是一个中医，每年夏天都要收集金蝉脱下来的壳用来入药。

第 22 计：关门捉贼。22 的编码是鸳鸯，可联想为一对苦命鸳鸯的家中竟然招贼了，于是两人大门一关开始捉贼。

第 23 计：远交近攻。23 的编码是乔丹，可联想为乔丹打篮球时，远的传给离篮圈近的来进攻投篮。

第 24 计：假道伐虢。24 的编码是表，可联想为嫁到法国（假道伐虢）后，随身携带的手表肯定要根据时差调一下时间。

第 25 计：偷梁换柱。25 的编码是二虎，可联想为警察终于抓到了“二虎大盗”，原来这是一对兄弟，一个负责偷梁，一个负责换柱。

第 26 计：指桑骂槐。26 的编码是双勺，可联想为一个厨子，一只手里拿一个大勺，指着桑树骂槐树。

第 27 计：假痴不癫。27 的编码是耳机，可联想为戴着耳机听音乐，明明不好听，还是假装痴迷，还不停地抖腿。

第 28 计：上屋抽梯。28 的编码是恶霸，可联想为村里有个恶霸最可恶，每次一看到有人上到屋顶，就立马把梯子抽走。

第 29 计：虚张声势。29 的编码是二舅，可联想为二舅欠了赌债，追债人堵在门口讨要，二舅虚张声势，表示什么都不怕。

第 30 计：反客为主。30 的编码是三石，可联想为一个叫三石的日本人来家中做客，对方明明是客人，却处处把自己当作主人。

第 31 计：美人计。31 的编码是三姨，可联想为三姨是四里八乡最出名的美人。

第 32 计：空城计。32 的编码是扇儿，可联想为诸葛亮一边摇着自己的羽毛扇儿，一边摆下了空城计。

第 33 计：反间计。33 的编码是三山，可联想为三座山连在一起，山的反面就是山间。

第 34 计：苦肉计。34 的编码是绅士，可联想为一位绅士请大家用餐，谁知道他做的红烧肉竟然是苦的。

第 35 计：连环计。35 的编码是山虎，可联想为马戏团里有专门从山上抓来训练的老虎，老虎可连续钻过好几个火环。

第 36 计：走为上计。36 的编码是山鹿，可联想为一只山鹿正在吃草，突然发现自己的天敌，立刻机警地逃走了。

5.3　字母桩

所谓字母桩，即以 26 个英文字母作为记忆桩子进行记忆。与数字桩一样，字母桩也是定桩记忆法中常用的一种记忆方法。

字母桩和数字桩的原理相同，具体运用时需要通过联想将其编码为具体的、容易记忆的信息。

应用实例

首先根据字母联想以该字母为首字母的英文单词，然后与中文意思建立起联系，这样每个英文字母就有了具体、生动的形象。例如，从 a 联想到 angel，可将 a 记为天使。

需要注意的是，在编码过程中，我们要尽量选用自己熟悉的英文单词，单词越简短，越有利于记忆。此外，联想时选用的单词应为名词，如果是动词、副词等，其中文意思相对抽象，不利于记忆。

首字母联想编码法可以编制出多组桩子，以下仅为其中一种，可供大家参考借鉴。

a——angel——天使

b——bike——自行车

c——cafe——咖啡

d——door——门

e——egg——鸡蛋

f——flag——旗子

g——girl——女孩

h——head——头

i——ice——冰块

j——jeep——吉普车

k——kite——风筝

l——lock——锁

m——mom——妈妈

n——net——网

o——oil——油

p——pizza——比萨

q——queen——女王

r——rabbit——兔子

s——son——儿子

t——tiger——老虎

u——uncle——叔叔

v——valley——山谷

w——watch——手表

x——x-ray——x 射线

y——yard——院子

z——zebra——斑马

熟记上述字母桩后，就可以运用它们来记忆。举个例子，按照从长到短的顺序记忆世界十大著名运河及所属国家，需要记忆的内容和顺序如下：

京杭运河——中国

伊利运河——美国

苏伊士运河——埃及

阿尔贝特运河——比利时

莫斯科运河——俄罗斯

伏尔加河—顿河运河——俄罗斯

基尔运河——德国

约塔运河——瑞典

巴拿马运河——巴拿马

曼彻斯特运河——英国

我们可以按照顺序，将上述十大运河与字母桩一一对应起来。

a 京杭运河——中国

b 伊利运河——美国

c 苏伊士运河——埃及

d 阿尔贝特运河——比利时

e 莫斯科运河——俄罗斯

f 伏尔加河-顿河运河——俄罗斯

g 基尔运河——德国

h 约塔运河——瑞典

i 巴拿马运河——巴拿马

j 曼彻斯特运河——英国

这样一来，所需记忆的内容就与前面联想的内容结合起来，具体可以记为：

“a——天使”与“京杭运河——中国”

都说“上有天堂，下有苏杭”，天使来到人间，第一站就去了杭州，居然看到从未见过的船只，十分好奇，于是乘船沿京杭运河从杭州来到了北京。

“b——自行车”与“伊利运河——美国”

美国有一条运河里流的不是水，而是“伊利”牌牛奶，为了喝到运河里的牛奶，许多人骑着自行车赶往那里。

“c——咖啡”与“苏伊士运河——埃及”

埃及有一个很爱喝咖啡的奇怪士兵，他姓苏，是一个木乃伊，大家常常叫他“苏伊士”。

“d——门”与“阿尔贝特运河——比利时”

啊，我的儿（尔）子被（贝）绑匪们关在一扇大铁门里，他一定不能死（比利时）啊！

“e——鸡蛋”与“莫斯科运河——俄罗斯”

俄罗斯人非常喜欢吃鸡蛋，为了让更多人吃到鸡蛋，他们修建了一条莫斯科运河，河里不是水，都是鸡蛋液。

“f——旗子”与“伏尔加河—顿河运河——俄罗斯”

俄罗斯人特别爱看迎风招展的旗子，他们在伏尔加酒瓶上画旗子，在顿河的船上挂旗子，到处都是飘扬的旗子。

“g——女孩”与“基尔运河——德国”

德国女孩有在家里养鸡、养鹅的传统。第二次世界大战时男人们去打仗，女孩就把鸡和鹅运到前线去。陆地上有敌军，只能走运河，那时一条河里常常挤满女孩与鸡鹅（基尔）。

“h——头”与“约塔运河——瑞典”

阿 Q 最喜欢与人约架，一次打架的时候头受了伤，结果锐气一点儿（瑞典）都没了，也没人再约他（约塔）打架了。

“i——冰块”与“巴拿马运河——巴拿马”

堆雪人的时候，我看到爸爸用冰块雕了一匹马，然后爸爸拿着这个冰马（巴拿马）往河里一放，竟然立即融化啦。

“j——吉普车”与“曼彻斯特运河——英国”

英国曼彻斯特联队（曼联足球队）不仅足球踢得好，球员们还能开着吉普车玩越野赛车。

字母桩的编制方法

除了前面讲到的首字母编码法，还可以运用形象法为 26 个字母进行编码。比如，a 看起来像 ，所以我们可以将其编码为“锁”。

下面是运用形象编码法编制的一套字母桩，可供大家使用或借鉴学习。

a——  ——锁

b——  ——果汁

c——  ——月亮

d——  ——杯子

e——  ——网络

f——  ——国旗

g——  ——葫芦

h——  ——椅子

i——  ——蘑菇

j——  ——雨伞

k——  ——扑克

l——  ——拐杖

m——  ——门

n——  ——山洞

o——  ——鸡蛋

p——  ——棒棒糖

q——  ——气球

r————绿芽

s————蛇

t————锤子

u————试管

v————手

w————山

x————剪刀

y————树枝

z————鸭子

与数字桩相比，字母桩的数量较少，常用于信息量不太大、单纯的联想法又不太容易记住的信息。要想用好这种记忆法，必须熟练掌握字母桩，做到每个字母与其对应的编码倒背如流，这样记忆起来自然得心应手。

前文已经提供了两套字母桩，我们可以选择其一作为记忆桩，也可以根据自己的使用习惯进行编制。需要注意的是，字母桩一经确定，最好不要轻易更换，以免造成记忆混乱，降低记忆效率。

5.4 地点桩

人的大脑到底有多神奇？来看下面一组数据：

38 秒记住一副扑克牌的顺序，30 分钟记住 2385 个毫无规律的随机数字，1 个小时记住元素周期表上 110 种元素的原子序数、元素符号、元素类别和精确到 4 位小数的原子量……

没错，人脑的记忆能力真的可以完成这些看似不可能的任务。这个人就是八次荣获世界记忆大赛冠军的多米尼克·奥布莱恩。

实际上，多米尼克·奥布莱恩小时候并不是一个擅长记忆的孩子，和很多学生一样，他上课时注意力不集中，喜欢幻想，爱做白日梦，对老师讲授的课程不感兴趣。但离开学校专门从事记忆技巧的研究后，短短五年，多米尼克·奥布莱恩就训练出了超强的记忆力，并成功跻身世界记忆锦标赛冠军。

记忆能力并不是与生俱来的，它完全可以通过技巧性训练来获得提升，多米尼克·奥布莱恩很好地证明了这一点，他也因此成为记忆训练的一个完美典范。

那么，多米尼克·奥布莱恩超凡的记忆力是如何训练出来的？面对如此海量的记忆信息，他究竟是用什么方法和技巧把它们记下来的？答案是地点定桩记忆法。

地点桩是一种广泛采用的记忆方法，几乎所有的记忆大师都非常倚重它。这是因为字母桩数量有限，在记忆信息汗牛充栋的情况下，会出现桩不够用的情况；数字桩虽然没有数量上的限制，可一旦数量变多后，就会出现转化上的困难。与之相比，地点桩既没有数量上的限制，数量较多时也比较容易转化，因此使用范围广泛，深受大家欢迎。

应用实例

首先，我们需要确立并熟记一套地点桩，比如：

1. 地面
2. 草坪
3. 树
4. 石碑
5. 石碑座基
6. 石桌
7. 茶杯

我们可以通过联想，将这一组地点桩记为：地面上有一片广阔的草坪，草坪上有一棵树，树下有一座石碑，石碑下边是石碑座基，旁边有一个石桌子，桌上摆着一个茶壶。如此一来，我们就能够非常轻松地按照顺序记住这七个地点桩。

下面，我们以苏轼的《浣溪沙》为例来演示地点桩的应用。所需记忆的内容如下：

浣溪沙

苏轼

簌簌衣巾落枣花，
村南村北响缫车，
牛衣古柳卖黄瓜。
酒困路长惟欲睡，
日高人渴漫思茶，
敲门试问野人家。

我们可运用地点桩将其记忆为：

1. 苏轼坐在地上换细沙。(浣溪沙 苏轼)

2. 草坪上簌簌落下很多衣襟和枣花。(簌簌衣巾落枣花)

3. 不论村南还是村北都有这种树，树上都有缫车。(村南村北响缫车)

4. 树下的石碑上画着一头牛，它穿着衣服，在卖黄瓜。(牛衣古柳卖黄瓜)

5. 石碑座基上坐着一个喝了酒后又走了很长路的人，很困很想睡觉。(酒困路长惟欲睡)

6. 太阳很高的时候，他因为很渴而稍稍清醒，十分想喝一碗茶，这时恰巧看到一个石桌。(日高人渴漫思茶)

7. 桌上摆了盛满茶水的茶杯，他敲敲茶杯，大声询问这茶是谁家的。(敲门试问野人家)

如何设置地点桩

地点定桩记忆法又叫记忆宫殿法，简言之，就是运用想象和联想，在头脑里设定场所路线，然后将一路上的明显标志物设为桩子进行记忆的一种技巧和方法。

例如，我们以从家到学校或单位的路线作为地点桩，一路上先是到达公交车站，然后乘坐112路公交车，在有大广告牌的B站下车，过马路(此处有一个大型C超市)，然后路过肯德基、工商银行、文具店，最终到达学校或公司。

针对这一路线，我们可以将其改造成一组可以协助记忆的地点桩。

1. 家
2. 公交车站
3. 广告牌
4. 超市
5. 肯德基

6. 银行

7. 文具店

8. 学校或公司

在设置地点桩时，一定要选择自己熟悉的路线，然后明确从哪里到哪里，也就是顺序，以免造成记忆混乱。同时，要选择那些比较显眼、不容易忘记的标志物作为桩子，比如教堂、花店、车站、超市等。

此外，要注意所选桩子必须是固定的，移动的汽车、自行车、宠物狗等要排除在外。

地点定桩记忆法的关键是地点，在选择地点时要满足以下四个要求：

一是熟悉。越熟悉，就越不容易遗忘，记忆效果就越好。

二是顺序。要确保地点都在一条不交叉的路线上，可以按照一定顺序排列，最好选用曲线型的路线，这样高低错落更容易加深我们的记忆，而直线型的路线记起来比较费劲。

三是适中。太大的地点不容易看全，太小的地点又容易被忽略，所以选择大小适中的地点时记忆效果最好。

四是固定。所选地点不能移动，移动的桩子一旦用起来很容易造成记忆混乱。

5.5　身体桩

每个人对自己的身体再熟悉不过，从婴儿时我们就开始探索自己的身体，通过吃手、啃脚丫、爬行等动作，我们将自己的身体与其他物品分开来。上学后，眼、耳、口、鼻等是我们最早学习的汉字之一。因此，不夸张地说，身体的每一个部位都已经深深刻入我们的潜意识中，基本上不可能发生遗忘。

正是因为不易遗忘这一特性，身体部位成为一种非常好用的记忆桩子。

应用实例一

下面我们来看看，如何用身体桩来记忆 12 星座。首先，按照从上到下、从正面到侧面的顺序找出 12 个身体部位作为记忆桩子，分别如下：

1. 头发
2. 眼睛
3. 鼻子
4. 嘴巴
5. 耳朵
6. 脖子
7. 肩膀
8. 肚子
9. 后背
10. 屁股
11. 腿
12. 脚

按照这个顺序，一边摸对应的身体部位一边进行记忆，并将其记熟。

所需记忆的 12 星座分别是白羊座、金牛座、双子座、巨蟹座、狮子座、处女座、天秤座、天蝎座、射手座、摩羯座、水瓶座、双鱼座。

运用身体桩，我们可以将其记为：

白羊座——头发

一只白色的羊竟然像外国人一样长了一头金发。

金牛座——眼睛

一头金色的牛瞪着它铜铃一样的大眼睛。

双子座——鼻子

鼻子有两个鼻孔，两个成双，也就是双子。

巨蟹座——嘴巴

天啊，这个表演太惊悚了，表演者的嘴巴里竟然爬出了一只巨大的螃蟹。

狮子座——耳朵

狮子的耳朵比人要灵活，它的耳朵可以 360 度无障碍转动，能听到四面八方的声音。

处女座——脖子

有这样一个奇怪的国度，这个国家的未婚女子都把守宫砂画在脖子上，脖子上有守宫砂的就是处女。

天秤座——肩膀

肩膀一左一右，头在中间，就像一个天秤一样。

天蝎座——肚子

肚子竟然被从天上掉下来的一只蝎子咬了，好疼。

射手座——后背

武侠小说里的大侠们，有不少都是被弓箭手射中后背而亡的。

摩羯座——屁股

摸摸（摩）自己的屁股，揭（羯）开椅子上的椅垫。

水瓶座——腿

师傅惩罚徒弟有怪招，一生气就往徒弟腿上绑装满水的瓶子。

双鱼座——脚

双脚赤足站在一条清澈的小河里，两条鱼在自己的脚边游来游去。

应用实例二

我们还可以用身体桩来记忆 12 生肖。

鼠——头发

睡觉睡得好香啊，醒来洗脸，吃惊地发现自己的头发被老鼠啃了。

牛——眼睛

一头老黄牛正在耕地，它的眼睛瞪着，像铜铃一样大。

虎——鼻子

老虎的鼻子摸不得，一摸它就要跳起来了。

兔——嘴巴

人的嘴巴是两片，兔子的嘴巴却有三瓣。

龙——耳朵

孙悟空耳朵里的金箍棒不见了，一召唤，竟然飞出来一条龙。

蛇——脖子

一条蛇缠住脖子，呼吸变得好困难。

马——肩膀

上幼儿园的时候，最喜欢坐在爸爸肩膀上骑大马了。

羊——肚子

有只羊怀孕了，而且是双胞胎，肚子变得好大。

猴——后背

刚看到一个让人震惊的新闻，某景点的猴子竟然推游人的后背，游人因此掉下了悬崖。

鸡——屁股

最讨厌吃的就是鸡屁股了。

狗——腿

抗日剧里的汉奸，人们都叫他们“狗腿子”。

猪——脚

大街上飘来一阵香味，啊，原来是烤猪蹄啊。

身体桩可用来记忆一些短小、数量适中的信息。除上文介绍的12星座、12生肖外，还可以用来记忆七大洲、四大洋、天干、地支等。

与数字桩、字母桩和地点桩相比，身体桩的转化速度更快，且不容易遗忘，因为身体部位更形象，更容易唤醒记忆。这是身体桩的优势。但对于一些记忆量太大的任务，则不适合采用身体桩，比如记忆《水浒传》中的一百零八将，身体桩就明显不够用。

5.6 人物桩

说起经典电影、电视剧、四大名著中的人物，绝大多数人如数家珍。其实，这些深受大众喜欢的人物形象也可以作为定桩记忆法中的桩子。人物桩取材于日常生活，是一种便于选取和使用的桩子，每个人都能轻松找出很多真实或虚构的人物形象来作为桩子。

人物桩的种类非常多，既可以是真实的人物，比如自己喜欢的娱乐明星、体育明星、科学家等，自己熟悉的亲人、朋友、同学、师长等；也可以是虚拟人物，比如孙悟空、猪八戒、林黛玉等名著、影视作品中的人物。

应用实例

举个例子，我们用人物桩来记忆 15 个随机词语，包括洗衣粉、电脑、电池、枕头、酱油、香水、手表、雪糕、鞋子、球拍、书包、电视机、胡萝卜、灯泡、咖啡。

首先，我们要选取并设定好记忆的人物桩，并将其熟记在心。

1. 唐僧
2. 孙悟空
3. 猪八戒
4. 沙僧

5. 白龙马

6. 如来佛祖

7. 观音菩萨

8. 玉帝

9. 王母娘娘

10. 太上老君

11. 蜘蛛精

12. 黑熊怪

13. 白骨精

14. 女儿国国王

15. 龙王

这是以《西游记》为背景的一组虚拟人物桩，我们运用这些桩子将15个随机词语分别记忆为：

洗衣粉——唐僧

唐僧被妖怪抓住了，妖怪们准备把唐僧洗干净蒸着吃。但要怎样才能洗干净呢？一个小妖献上了洗衣粉，表示一定能洗得干干净净。

电脑——孙悟空

众所周知，孙悟空有火眼金睛，他究竟是怎样看出妖魔鬼怪的呢？其实，他的大脑不是猴脑，而是电脑。

电池——猪八戒

猪八戒非常能吃，在高老庄时一口气能吃几十个馒头。他虽然力气大，但就像电池一样，得吃大量的食物进行充电才有力气。

枕头——沙僧

沙僧一直为大家挑行李，这些行李都有什么呢？肯定有师傅唐僧的枕头。

酱油——白龙马

白龙马在剧中大多以马的形象出现，以人形出现的白龙马每次都是打酱油。

香水——如来佛祖

如来佛祖如今也时尚起来了，每天都会喷上孙悟空从法国给他带回来的香水。

手表——观音

观音姐姐戴了几百年的玉镯子，终于腻了，听说现在人间流行买表，也从凡间买了一块手表戴上了。

雪糕——玉帝

自从全球变暖后，玉帝觉得夏天越来越热，为了给自己和众神解暑，玉帝把凡间的雪糕批发到天庭来卖。

鞋子——王母娘娘

这日，王母娘娘组织了蟠桃大会，结果孙悟空这泼猴又是一场打闹。更夸张的是，孙悟空把王母娘娘的鞋子给扔了。

球拍——太上老君

太上老君天天炼丹实在无聊，为了解闷儿，就在炼丹炉的旁边放了羽毛球拍，一边守着丹炉，一边和仙童打羽毛球。

书包——蜘蛛精

这年头妖精也很难混，没有学历都没资格占山头，这不蜘蛛精就背着书包去“妖精修炼大学”读书去了。

电视机——黑熊怪

黑熊怪一直待在深山老林里，实在太孤陋寡闻，连电视机都不知道，孙悟空不用开打，拿出电视机播放观音菩萨，黑熊怪就立马举手投降了。

胡萝卜——白骨精

白骨精的本体其实是一只白兔子，她最喜欢吃的不是唐僧，而是胡萝卜。

灯泡——女儿国国王

唐僧一心向佛，早已立誓皈依佛门，女儿国国王为什么就看上他了呢？哎，她注定要在唐僧与佛祖之间做一个铿亮的灯泡了。

咖啡——龙王

掌管雨水的龙王，最近喜欢上喝咖啡，孙大圣请龙王降点雨，龙王打了一个喷嚏，结果竟然下了一场咖啡味的小雨。

人物桩的优缺点

与数字桩、字母桩等相比，人物桩的取材更方便、更灵活，不管是什么教育背景的人，都可以做到信手拈来。

人物桩可以多样化、个性化，这是其他桩子所不具备的。如果你是历史迷，可以用自己喜欢的历史人物作为记忆桩子；如果你是追星族，可以用自己喜欢的明星作为记忆桩子；如果你是某部剧的骨灰级粉丝，剧中的人物就是最好的记忆桩子……总之，没有任何一种记忆桩子比人物桩更灵活了。

不过，人物桩也有缺点，它不像数字、字母那样有固定的排列顺序，人物桩没有清晰明确的排序规则，同样是一组人物桩，我们既可以这样排列，也可以那样排列。比如香港的“四大天王”，我们既可以排为刘德华、郭富城、黎明、张学友，也可以排为刘德华、张学友、郭富城、黎明。这种排列顺序上的不确定，很容易导致记忆上的混乱。因此，在使用人物桩时，我们要特别注意记忆顺序的问题。

第6章

逻辑记忆法

6.1 逻辑记忆法简介

逻辑记忆法，顾名思义，即运用记忆内容中存在的逻辑关系进行记忆的一种技巧和方法。这是一种比较抽象的记忆方法，在长期的实践中，人们对周围的事物和现象已经获得了更深层的认识，可以透过表层看到本质，可以找到其中的规律，通过判断、推理等准确预测即将出现的结果等。这种看不到的规律，简而言之就是逻辑。

定理、公式、概念、推理思维……这些内容相信每一个人都不陌生。我们知道长方形的面积等于长乘以宽，白天结束了肯定是黑夜，闪电之后肯定要打雷，水能结冰也能变成水蒸气……这些都属于逻辑记忆，它们具有高度的概括性和逻辑关系，是记忆发展的高级形式，我们可以运用这种规律来加强自己的记忆。

逻辑记忆的分类

常见的逻辑记忆法主要有归类记忆法、理解记忆法、规律记忆法和提纲记忆法。

归类记忆法。按照记忆内容的同一特点或属性，把它们归在一起，划成一类，使分散的记忆内容趋于集中，零碎的记忆信息组成系统，杂乱的记忆顺序构成条理，是一种高效的记忆方法。

理解记忆法。与死记硬背相比，理解了记忆内容后再记忆会更容易。理解记忆就是建立在理解记忆内容之上的记忆。研究表明，这也是一种提高记忆效率的办法。

规律记忆法。万事万物都有可循的规律，所谓“万变不离其宗”，只要掌握了记忆内容中的规律，记忆的难度自然会大大降低。

提纲记忆法。大脑的记忆效率与记忆内容的多少直接相关，记忆内容越多，效率越低；记忆内容越少，记得越牢固。提纲记忆法就是从繁多的记忆内容中提取出简短的记忆线索。因为记忆线索简短，所以更容易记住，掌握了记忆线索，回忆起那些繁杂的记忆内容就容易得多。

应用实例

我们以英语单词为例来展示逻辑记忆法的具体应用。

dapple——斑点

通常我们记忆这个单词，需要记住 d、a、p、p、l、e 这六个字母的组合顺序，在不考虑其内在规律的情况下，要想记住这一组合，我们需要重复记忆几十次。

但如果采用逻辑记忆法，我们只需要重复几次就能牢固记住这一单词。仔细观察，我们发现 dapple 可以拆解为 d 和 apple 两部分，后面的 apple 正好是苹果的英文单词。这样我们就运用逻辑分析法，将这个由六个字母组成的单词，转变成由两部分组成的单词。记忆单位越少，越容易记住，逻辑记忆法可以通过削减记忆单位来提升记忆效率。

spring——春天　offspring——后代　springe——圈套

对于这三个单词，传统的记忆方法是按照从左到右的记忆顺序，而逻辑记忆法则是按照词的单位而非顺序来记忆，所以我们可以在 spring 前加 off 变成 offspring，后面加 e 变成 springe。

这种按照整个词为记忆单位的逻辑记忆法，显然比从左到右的传统记忆更有效率。逻辑记忆法可以通过改变单词的记忆顺序，更好地整合我们已经掌握的记忆内容，做到用旧知识联系新知识，从而增强记忆效果。

与其他记忆方法相比，逻辑记忆法更抽象。要想用好这种记忆方法，就必须借助仔细的观察、灵活的思考、全面的思想体系等，才能找到记忆内容中的内在逻辑关系，才能产生高度的概括和抽象，最终在大脑中留下深刻的印象。

6.2 归类记忆法

苹果属于水果，花生属于干果，土豆属于蔬菜……我们从幼儿园开始，就学习给物品进行归类，哪些玩具的颜色是一样的，哪些物品的形状很相似，哪些东西大小差不多……毫不夸张地说，每个成年人的大脑中都有一套完善的归类系统。

这种归类思维早已融入我们日常的行为中，在学习不同的知识点时会不自觉地用到它。例如，我们会将几何作为数学中的一个单独的记忆类别，会将语文中的文言文、唐诗宋词等作为一个独立的记忆类别。不过，这些归类都是缺乏意识性、针对性和目的性的，与之相比，归类记忆法目标明确、方法清晰，有明显的针对性，所以记忆效果也更好。

实验证据的支持

美国学者鲍维尔通过实验证明：归类确实可以有效提高记忆效果。

在这次实验中，鲍维尔选用了112个词，受试者被分为两组，一组按照词的种属分类关系进行识记，另一组则完全随机进行识记。实验结果显示：进行分类识记的一组四次识记的平均记住词数为73、106、112、112，随机组为20.6、38.9、52.8、70。很明显，分类识记组的记忆效果更好。

另一位美国学者莫利也做过一项类似的实验，他将一组包括家具、动物、交通工具和衣物等内容的图片呈现给儿童，并要求儿童记住这些图片。实验中，莫利对图片的顺序进行了限定，同类的图片互不相邻，不过允许儿童随意移动图片。实验结果显示：将同类图片移动到一起越多的儿童，记忆成绩越好。这也从一个侧面证明了，分类确实有助于提高记忆效率。

无独有偶，苏联心理学家也做过类似的实验，他们选出15张图片，分别让小学生、中学生和成年人进行记忆，并提示他们运用归类法，同时设置了没有任何提示的对照组。实验结果同样表明：不管是小学生、中学生还是成年人，运用归类法的记忆效果远远好于随机记忆。

应用实例

假如我们需要记忆以下词组：

黄瓜、荷花、学校、香蕉、樱桃、景点、卷心菜、桥梁、烟囱、甘蓝、菠萝、课桌、报纸、枣、石榴、城门、玩偶、铅笔、苹果、辣椒

这是一组由 20 个随机词组成的记忆内容，直接记忆的话，很难一下子记全。由于这组词都是名词，所以我们可以按照不同物品的特性，对其进行归类。

进行归类后，可记忆为：

1. 蔬菜组：黄瓜、卷心菜、甘蓝、辣椒
2. 水果组：香蕉、樱桃、菠萝、枣、石榴、苹果
3. 物品组：荷花、景点、桥梁、烟囱、城门、玩偶
4. 学习组：学校、课桌、铅笔、报纸

如此一来，原本需要随机记忆的 20 个词语，就被拆分为四大类，每个类别中最多只有 6 个需要记忆的单位，因此大大降低了记忆难度。

需要注意的是，对于那些严格要求顺序不能颠倒的记忆内容，不宜采用这种方法。此外，归类记忆法往往需要在知识材料积累到一定数量后才能使用，如果需要记忆的内容非常简短，只有一两条，那就不适用这种记忆方法。

注意事项

归类记忆法的核心是归类。具体应用时，要注意以下两点：

一是在对记忆内容进行归类前，要明确归类原则，按照什么标准归类，归纳什么，扬弃什么，只有目标明确，才能更好地对记忆内容进行归类。

二是在归类过程中，要注意对记忆材料的对照、观察。不同门类之间的对比是一种很好的启发，可以让我们温习巩固记忆内容，发现归类中的谬误和问题。

关于归类原则，没有固定的标准，既可以按照颜色、大小、材料、重量等进行分类，也可以按照场所、时代、用途、性质、构造等进行分类。具体应用时，不必墨守成规，可以灵活选择归类原则。

需要注意的是，类别的多少、每个类别中记忆单位的数量直接影响归类记忆法的效果。类别的数量要适中，每个类别中的记忆单位也不宜过多。

那么，究竟分成多少类更合适呢？心理学研究给出了准确的答案，即每个类别的记忆单位以 7±2 个为宜，我们在运用归类记忆法时可坚持这一原则。

6.3　理解记忆法

“要理解，不要死记硬背”，这是日本教育界经常提到的一句口号。其实，记忆效果的好坏与理解息息相关。毫不夸张地说，理解是记忆的第一步，是记忆的前提和基础，因此理解本身就是最基本、最有效的记忆方法。

理解记忆法，即在对记忆材料进行思维加工，充分理解后再进行记忆的一种技巧和方法。其中理解的含义不仅是指读懂了记忆材料，还包括明白各类材料间的逻辑联系，认识其本质，并与大脑中已经掌握的知识和经验相联系。

理解记忆法的步骤

一是寻找关键。要找到记忆材料的难点和关键点，先把这些弄明白，正如韩愈在《进学解》中所说的“提要钩玄”，只有以此为基础，才能更好地理解和记住其他次要的或者从属的内容，进而理解全部内容。

二是融会贯通。既要理解材料中的难点、重点等局部内容，更要将这些点与全文联系起来，从整体上进行理解思考，这有助于加深我们对记忆材料的理解。

三是了解大意。理解要遵循循序渐进的认识规律，我们要本着这样的认识规律，先弄清记忆材料的整体面貌，了解其大意，这有利于我们更好地理解局部。

四是局部分析。理解整体的大意后，我们就要进行逐步分析，尤其是对重点、关键点更要花大力气分析、思考，加深对材料的理解程度。

五是实践运用。不能在实践中运用，说明我们还没有真正理解其精髓。实践是检验真理的唯一标准，在理解材料的同时，还要善于实践，这将有助于加深我们对材料的理解。

应用实例

我们以记忆屈原的《离骚》（节选）为例来展示理解记忆法的具体运用。

离 骚

屈原

帝高阳之苗裔兮，朕皇考曰伯庸。
摄提贞于孟陬兮，惟庚寅吾以降。
皇览揆余初度兮，肇锡余以嘉名：
名余曰正则兮，字余曰灵均。
纷吾既有此内美兮，又重之以修能。
扈江离与辟芷兮，纫秋兰以为佩。
汩余若将不及兮，恐年岁之不吾与。
朝搴阰之木兰兮，夕揽洲之宿莽。
日月忽其不淹兮，春与秋其代序。
惟草木之零落兮，恐美人之迟暮。
不抚壮而弃秽兮，何不改乎此度？
乘骐骥以驰骋兮，来吾道夫先路！

在众多古诗词中，《离骚》是最难背的文言文之一。那么，怎样运用理解记忆法来帮助我们记忆呢？首先要理解文言文的意思。下面是翻译成白话文的《离骚》（节选）：

我是古帝高阳氏的远代子孙，伯庸是我父亲的光辉大名。
太岁在寅的寅年寅月，就在庚寅那一天，我从天上翩然降临。
我父亲仔细揣度我的生辰和啼声，通过占卜赐予我相应的美名。
给我取名叫正则啊，给我取字叫灵均。
上天赋予我许多内在的美质啊，再加上我又注重修习自身的品性。
我披着幽香的江离和白芷啊，又以秋兰作为自己的佩巾。
光阴似箭，我唯恐抓不住，岁月不等人啊，令人担心。

清晨，我爬上山顶去采拔木兰；傍晚，我在洲畔采摘宿莽。

时光一刻也不停留啊，春去秋来，四季交替。

想到那草木都要飘落凋零，唯恐美人也将有暮年到来。

为什么不趁着壮年除去秽恶之行，改变眼前这种法度呢？

乘上骏马，放开四蹄奔驰啊。来，我甘愿做开路先锋。

为了获得更好的记忆效果，仅仅理解文言文的意思还不够，我们还要做更深层的理解：《离骚》的文体属于楚辞，楚辞都有哪些文学特征？屈原为什么写《离骚》，他想表达什么？《离骚》的创作背景是什么？它有哪些闪光点？……这些都是需要我们深度了解的。

运用理解记忆法时，要多方位、多角度、多维度去了解，只有将所需记忆的内容理解透彻，才能更轻松地记忆，记住了才不容易忘记。

6.4　规律记忆法

老子曰："人法地，地法天，天法道，道法自然。"世间万事万物都有其运行规律，记忆也是一样的道理。

不管我们记忆的内容是数字、字母还是公式、图片、文章，不管记忆的材料是文字还是声音、视频，它们都是有规律的。如果能洞悉记忆材料中的规律，记忆就会变得更容易。

所谓规律记忆法，即通过分析记忆材料中的规律来辅助我们提高记忆效率的一种技巧和方法。这种记忆方法要求我们具备优秀的抽象思维能力、敏捷的思考力、细致的观察力，可以透过现象看到背后的本质，可以进行发散式思维，将看似不相关的内容联系起来。

应用实例

每种语言的字词构成都是有规律的，比如汉字中的“腿”“脚”“胸”“腹”“臂”“膀”“背”“肩”等与人体有关的字，往往都有一个月字旁，这就是一种构词的规律。运用这种规律来学习语言、字词可以极大地提高学习效率。

英语单词也有一定的构词规律，比如不少英语单词都是在词根前后加上词缀组成的。我们可以根据这种规律来记忆单词。

下面以一组单词为例来说明这个规律。

worker（工人）　reader（读者）　heater（加热器）

观察这三个单词，可以找到这样一个规律：它们都是由一个词根+后缀 er 组成的。三个词根分别是 work（工作）、read（阅读）、heat（加热）。从词性上分析，三个词根都是动词，而组成的新词均为名字。掌握了这一规律，我们就可以快速牢固地记住派生出来的新单词。

两个单词合成一个单词，也是英文单词的一个重要构词规律。我们以下面三个单词为例：

motherland（祖国）　hegoat（公山羊）　landlord（地主）

这三个单词都是由两个单词组合而成的，motherland 拆开后分别是 mother（母亲）和 land（土地），hegoat 拆开后分别是 he（指男性、雄性）和 goat（山羊），landlord 拆开后分别是 land（土地）和 lord（领土）。

掌握了英语的构词规律后再记忆单词，显然比直接记忆要快速、容易。这也是我们在学习英语的时候，为什么要学习英语语法的原因。

规律记忆法的难点

规律记忆法的难点在于找到规律，理解规律，最后借助规律去记忆。

为此，我们首先要有一双善于发现规律的眼睛。世间万物都有规律，只要我们勤于观察、善于总结，就能发现它们。其次，我们要学会借鉴前辈留下的各种规律，定理、公式、经验等就是规律的结晶，要善加利用。

对于一些晦涩难懂的理科公式，直接记忆非常困难。这就要求我们深入理解其规律，不但要知其然，还要知其所以然，从中找到规律，从而在规律的帮助下提高记忆效率。

6.5　提纲记忆法

提纲记忆法，就是从所需记忆的内容中摘出线索，然后像串铜钱一样将它们“串”起来的一种记忆方法和技巧。

提纲记忆法的关键是列提纲，当我们把所需记忆的内容编成提纲时，记忆也就完成了一大半。实际上，列提纲的过程也是我们对记忆材料进行分析、理解、整理、综合、概括的过程，在这个过程中，我们对记忆材料的认识会自然而然地加深。

那么，究竟怎样列提纲呢？

列提纲的四大步骤

第一步：分析

认识、理解记忆材料是列提纲的基础和前提。比如读书，我们首先要看书名、内容介绍、目录，从整体上了解书的主要内容以及各部分之间的关系。接下来，要浏览一下前言、后记，分析作者的写作意图。然后开始泛读，对全书的内容有一个基本的了解。最后逐字逐句进行仔细分析揣摩。

分析就是要求我们在拿到记忆材料的第一时间，先了解其宏观上的内容、结构，通过泛读对全书内容有一个整体上的清晰认识，接着再逐一进行细节上的分析，力争通过分析完成对记忆材料的理解和消化。

第二步：综合

这一步的核心是提炼出记忆的重点。在详细分析后，我们要找出记忆材料的要点、核心、难点等，并用提纲的形式综合概括出来。值得注意的是，列出来的提纲就是我们要记忆的重点。

第三步：表述

表述是对记忆材料进行总结实践的过程。我们需要脱离记忆材料和提纲，仅凭大脑将记忆材料表述出来。如果表述准确完整，说明已经很好地掌握了提纲；如果表述混乱、丢三落四，则需要再次对记忆材料进行分析、综合，并反复熟悉提纲，直至熟练为止。

第四步：整理

为了进一步巩固记忆效果，便于后期进行抗遗忘复习，我们还需要将记忆提纲整理出来并记录到本子或电脑上。

整理记忆提纲有多种方法。一是抄录提纲，将记忆材料编成目录的形式，目录要简练、概括；二是编写提纲，先抓住记忆主干，再添枝加叶，最后做到统领全局；三是改写提纲，在原有的记忆提纲上再进行改写，通过稀释、增删、合并等手段，让提纲更便于记忆。

应用实例

以记忆“百家争鸣”的各派代表人物以及主张为例，所需记忆的内容如下：

春秋战国时期，出现了各种思想学术流派，以孔子、老子、墨子为代表的三大哲学派系，形成了百家争鸣的繁荣局面。在百家之中，流传最广的是儒家、道家、法家、墨家。

儒家的创始人是孔子，被后人尊称为“万世师表”。孔子的理论核心是“仁”，他认为仁就是要爱人，人与人之间要相互爱护，融洽相处；实现“仁”要做到待人宽容，“己所不欲，勿施于人”。而体现“仁”的制度或行为准则是“克己复礼”。孔子首创私人教学，主张“有教无类”，认为不分贫富，人人都有受教育的权利。

至战国中期，孟子成为儒家学派代表人物。孟子主张“仁政”，进一步提出“民为贵，社稷次之，君为轻”。他的伦理观是“性本善”。

儒家的代表人物还有荀子。在政治方面，他主张“仁义”“王道”“以德服人”，并提出“君者舟也，庶人者水也，水则载舟，水则覆舟”。哲学方面坚持“天行有常”“制天命而用之”。

道家的创始人是老子。老子把“道”抽象化，概括出普遍的无所不包的最高哲学概念。在他看来，道是凌驾于天之上的天地万物的本原。他还提出“天法道，道法自然”的思想，摒弃了“天命”的绝对权威。政治上提倡“无为而治”。无为是指不妄为，不胡作非为，不为所欲为。

道家在战国时期的代表人物是庄子。他认为道是无限的，强调事物的自生自灭，否认有神的主宰，主张顺其自然、逍遥自得。

法家代表新兴地主阶级的利益。早期代表人物颇多，后期的韩非子是专制主义、中央集权理论的集大成者。韩非是荀子的大弟子，他注意吸取法家不同学派的长处，提出“法”“术”“势”相结合的法治理论。

墨家的创始人是墨子，其主张和儒家针锋相对。他反对世卿世禄制度，主张尚贤，任用官吏要重视才能，打破旧的等级观念，使“官无常贵，民无终贱”。《墨子》一书代表了墨子的思想，该书主张兼爱、非攻。

针对以上内容，运用提纲记忆法，可提炼出如下提纲：

- 百家争鸣
  - 儒家
    - 孔子：政治上主张仁、礼、德，教育上主张因材施教
    - 孟子：主张仁政、民贵君轻
    - 荀子：主张以礼治国
  - 道家
    - 老子：主张无为而治
    - 庄子：主张顺其自然
  - 法家：韩非子，主张法制、中央集权
  - 墨家：墨子，主张兼爱、非攻

提纲记忆法将内容繁多的材料提炼为简短的纲领，记忆起来更加简单、方便，而且还能让我们抓住重点进行记忆。

第 7 章

强化记忆法

7.1 艾宾浩斯记忆法

记忆和遗忘就像一朵双生花，记忆所在，遗忘并存，当信息进入我们的大脑开始记忆时，遗忘也一并产生了。抗拒遗忘是保持记忆永远绕不开的敌人。尽管人们并不希望遗忘，但遗忘对于记忆具有重大意义，德国心理学家艾宾浩斯对人脑的遗忘现象进行了深入研究，并依据遗忘规律绘制出了著名的艾宾浩斯遗忘曲线。

所谓艾宾浩斯记忆法，就是在艾宾浩斯遗忘规律的基础上，有针对性地对记忆信息进行强化，以减少或避免遗忘的一种技巧和方法。

艾宾浩斯记忆法的核心是对记忆的强化。遗忘不能杜绝，更无法根除，因此，怎样与遗忘更好地相处，怎样在抗遗忘的过程中掌握记忆的主动权就成为一个重要课题。

如何强化记忆呢？根据艾宾浩斯遗忘规律，就是及时对记忆内容进行复习和自测。实践证明，这种方法可以极大地提高记忆效果，不管记忆材料是数字、字母，还是长篇累牍的文献、文言文等，都是行之有效的。学会这种记忆方法可以收到事半功倍的效果。

定期复习

遗忘是有规律的，一般而言，随着信息输入大脑的时间延长，遗忘会逐渐由快变慢，换句话说，刚开始记忆时，遗忘是最快的。这一规律可以帮助我们更高效地学习。

根据艾宾浩斯记忆曲线，我们可以找到以下复习时间点：

第一个记忆周期：5 分钟

第二个记忆周期：30 分钟

第三个记忆周期：12 小时

第四个记忆周期：1 天

第五个记忆周期：2 天

第六个记忆周期：4 天

第七个记忆周期：7 天

第八个记忆周期：15 天

我们可以在初次记忆后的以上八个周期点进行复习，这样可以获得一个理想的效果。需要注意的是，每个人的遗忘曲线存在细微差别，在记忆不同类型的材料时遗忘曲线也不尽相同，我们要根据实际感受绘制出自己的遗忘规律曲线，并找到最适合自己的复习时间点。

随时自测

实践是检验真理的唯一标准，记忆领域也不例外，检验记忆效果最好的办法就是自测。随时对自己的记忆效果进行测试，是抗拒遗忘的有力工具之一。

每日自测

每天临睡前，我们都应当梳理当天记忆的重要信息，并在大脑中复述一遍，以强化对重要信息的记忆，避免遗忘。自测的方式既可以是直接写出提纲，也可以是在大脑中默写。养成每日自测的习惯对于加强记忆具有非常重要的意义。

每周自测

七天是一个重要的遗忘时间点，每周进行自测对抗拒遗忘有明显效果。我们可以在周末的时候，对本周的重要信息进行梳理，换个角度再次认识记忆材料，对于自己遗忘、模糊不清、有疑问的部分，要立即进行复习，马上解决问题，从而将记忆率保持在一个较高的水平。

复习和自测方式

复习和自测方式不是单一的。一般来说，常用的复习和自测方式主要有五种。

第一种：回忆

心理学家做过一个实验：两组实验者同时记忆一篇文章，A 组采用记忆与回忆相结合的方式，B 组则单纯采用重复记忆的方法。实验结果显示：A 组的记忆成绩要远远好于 B 组，也就是说，记忆与回忆相结合的方法比单纯的反复记忆效果更好。

初步识记材料后，我们就可以通过记忆与回忆相结合的方法来提高记忆成绩。完成初步记忆后，脱离材料进行回忆，然后与材料进行比对核准。

第二种：交谈辩论

庄子说“知出乎争”，交谈争论也是加深印象和记忆的一种重要方法。我们可以针对记忆的材料，与他人进行交流、探讨，在这一过程中，我们很容易发现自己记忆中的谬误、偏差等。

此外，一个人的眼光和看法总是有局限的，通过与人交谈，阐述自己的观点，不仅能加深对信息的记忆，巩固已记忆的内容，还能开阔视野，多角度地看待事物。

第三种：设问自答

设问自答是一种有趣的角色扮演法，我们可以扮演老师，站在老师的角度提问：应该出什么题来考查学生呢？这个学生对哪些知识比较生疏？学生是否已经掌握重点和难点？

以老师的角度提问题，然后我们自己作答。这种自问自答的方式对于强化记忆非常有效，而且简单易行、可操作性强。与交谈辩论至少需要两个人相比，设问自答显然要方便很多。

第四种：给人讲课

所谓教学相长，自己当老师给人讲课，这对于深入掌握知识的作用是非常惊人的。要想讲给别人听，自己首先必须弄懂、记牢。

我们可以通过给人讲课这种方式来进行复习和自测。首先找到自己的听众，然后进行充分的准备，最后将自己掌握的记忆内容讲给别人听。

第五种：实践应用

学以致用，在实践中熟练运用后的记忆才是最难忘的。从脑科学的角度来看，知识运用越频繁、次数越多，大脑皮层的记忆痕迹越深，记忆唤起的通路就越通畅。因此，记忆之后，我们还要多多运用记忆的材料和知识来解决实际问题，多实践、多运用。

7.2 分散记忆法

"一天之计在于晨"，早晨是一天中的黄金记忆时间。为什么早晨的记忆效果要好于其他时间段呢？原因藏在大脑的记忆机制中。

研究发现，在记忆过程中，存在前摄抑制现象，也就是说，前边的记忆活动会影响后面的记忆活动，比如刚跑完步就立即记忆英语单词，记忆效果往往较差，这是因为跑步虽然表面上结束了，但实际上大脑的神经活动还要持续一段时间，这就使得后边的记忆活动受到干扰。通常，前面活动引起的兴奋越强烈，对后边记忆活动的干扰越严重。

除此以外，后边的记忆活动也会干扰影响到前边的记忆内容，也就是后摄抑制现象。

在前摄抑制和后摄抑制的影响下，我们记忆一段材料时，通常开头与结尾的记忆效果最好，中间部分更容易遗忘。这是分散记忆法的理论基础。

所谓分散记忆法，即将记忆材料拆分为几部分，分散安排不同的时间进行记忆的方法。

同样一段记忆材料，如果采用集中记忆法，一个小时之内不断地反复记忆，大部分内容会同时受到前摄抑制和后摄抑制的干扰和影响，记忆效率一般。相反，如果采用分散记忆法，将记忆材料分为几个部分，每天记忆一部分，总的记忆时间还是一个小时，但记忆效果要好得多。

这是因为经过分散处理后，开头和结尾的内容多了，这部分受干扰小，更容易记住。同时，受前摄抑制和后摄抑制干扰的记忆内容少了，因此整体上记忆效果更佳。

分散记忆法的优点

分散记忆法一种高效、实用的记忆方法，尤其适用于内容较多的记忆材料。对记忆材料进行拆分后，每次记忆的内容少了，记忆过程中的干扰也随之减少，大脑细胞不容易疲劳，神经系统也更高效，记忆效果就能得到更好的保证。

需要注意的是，在使用分散记忆法时，一定要科学安排好间隔时间，如果时间间隔过长，就会出现狗熊掰棒子的情况，记住后边忘了前边，重新记住了前边发现后边又忘了。

与此同时，间隔时间也不能太短，否则记忆时容易受到临近记忆内容的干扰，影响实际记忆效果。那么，究竟怎样来安排分散记忆的间隔时间呢？

答案是根据遗忘过程先快后慢的规律，刚开始间隔时间短一些，往后逐步加大。此外，在确定间隔次数时，还要考虑记忆材料的难易程度和内容多寡，材料难度越大，记忆内容越多，需要的间隔次数越多。

相反，如果记忆材料很简单，内容较少，则可以相应地减少间隔次数。

分散记忆法应用实例

我们以范仲淹的《岳阳楼记》为例，所需记忆的内容如下：

岳阳楼记

范仲淹

庆历四年春，滕子京谪守巴陵郡。越明年，政通人和，百废俱兴。乃重修岳阳楼，增其旧制，刻唐贤今人诗赋于其上。属予作文以记之。

予观夫巴陵胜状，在洞庭一湖。衔远山，吞长江，浩浩汤汤，横无际涯；朝晖夕阴，气象万千。此则岳阳楼之大观也，前人之述备矣。然则北通巫峡，南极潇湘，迁客骚人，多会于此，览物之情，得无异乎？

若夫淫雨霏霏，连月不开，阴风怒号，浊浪排空；日星隐曜，山岳潜形；商旅不行，樯倾楫摧；薄暮冥冥，虎啸猿啼。登斯楼也，则有去国怀乡，忧谗畏讥，满目萧然，感极而悲者矣。

至若春和景明，波澜不惊，上下天光，一碧万顷；沙鸥翔集，锦鳞游泳；岸芷汀兰，郁郁青青。而或长烟一空，皓月千里，浮光跃金，静影沉璧，渔歌互答，此乐何极！登斯楼也，则有心旷神怡，宠辱偕忘，把酒临风，其喜洋洋者矣。

嗟夫！予尝求古仁人之心，或异二者之为，何哉？不以物喜，不以己悲；居庙堂之高则忧其民；处江湖之远则忧其君。是进亦忧，退亦忧。然则何时而乐耶？其必曰“先天下之忧而忧，后天下之乐而乐”乎。噫！微斯人，吾谁与归？

时六年九月十五日

运用分散记忆法，我们可以将上述记忆材料拆分为五个部分，即一个自然段为一个记忆单位，每天早晨和晚上各花20分钟记忆一个自然段。各部分完成单独记忆后，最后将全部记忆内容再串联起来完成整体记忆。运用这种分散记忆法，比集中时间进行整体集中记忆效果要好得多。

7.3 自测记忆法

自测记忆法，即通过记忆效果的自我测验来强化记忆的一种技巧和方法。这种方法有两个好处：一是让我们更了解自己的记忆情况，及时发现记忆错误和遗漏；二是有助于提高我们的应变能力。自测可以让我们胸有成竹，即便碰到不可预见的突发状况，也能做到临阵不乱。

苏东坡与自测记忆法

自测记忆法并不是近年才兴起的新型记忆法，早在我国宋代，著名大文豪苏东坡就开始用这种方法来加强记忆、抗拒遗忘。

苏东坡被贬为黄州团练副使后，由于工作上的事务减少，空闲时间相对多了起来。不过，他并没有虚度光阴，而是每天做功课。这天，学者朱载上前来拜访，等了许久才见苏东坡急急赶来，问及缘由才得知，原来苏东坡每天都在抄《汉书》。

这种通过反复抄写来学习《汉书》的方法，其实就是自测记忆法。苏东坡通过抄写来测试自己的记忆，在抄写中发现记忆中的错误和不足，然后对生疏部分进行强化学习，对错误部分进行及时修正，这样对《汉书》的记忆自然更加深刻。只不过当时的苏东坡并没有意识到，自己所使用的这种加强记忆的方法就是自测记忆法。

自测记忆法的步骤

一般来说，自测记忆法包括以下三个步骤：

第一步：选好自测题

我们可以根据需要强化的记忆内容，以及自己的实际情况来编制自测题。具体而言，可重点选择自己记忆模糊、不准确、感觉困难的部分，千万不要故意避开自己的薄弱环节，否则自测记忆法的效果会大打折扣，难以起到对记忆薄弱环节的巩固强化作用。

第二步：自我测试

自我测试应当有严格的要求和标准，要和正式考试一样，集中在一段时间内进行，比如 1 个小时或 2 个小时。测试期间不能中途停止，不能翻看相关资料、笔记和书籍，不能与他人讨论，也不能上网搜索答案等，要凭借自己的记忆独立完成。

第三步：阅卷自查

自我测试结束后，对自己的测试情况进行阅卷打分。尽管是自己给自己阅卷，还是要本着公平、公正的原则，以便更好地查漏补缺，找出需要强化记忆的内容，并及时进行补救。

需要注意的是，在自我测试中，要本着高标准、严要求的原则，记忆不清楚的就是不清楚，记忆错误的就是记忆错误，千万不要试图掩盖记错、记混、遗忘等情况。此外，要养成自测习惯，制订长期的自测计划，切不可三天打鱼两天晒网，只有长期坚持，自测记忆法才能收到良好的成效。

自测记忆法的方式

自测记忆的方式很多，既可以像考试一样进行模拟自测，也可以是书面默写、口头复述等。

思考题、练习题等书面作业其实也是一种很好的自测方式。如果是学习外语，还可以使用朗读法，大声说出来，看到什么事物，就尝试用外语表达出来，并在大脑中回忆这个单词的写法。这种朗读的自测方式尤其适合语言学习。俗话说，好记性不如烂笔头，书写是一种应用十分广泛的自测方式，不管是哪类记忆材料，都可以使用。

7.4 交谈记忆法

和小伙伴们谈论过的动画片、漫画书，记忆往往更加深刻。相反，独自一人看过的动画片、漫画书，却很容易随着时间的流逝而变得记忆模糊。

同样的道理，上学时老师提问过的内容，往往记忆更深刻。考试的时候，如果恰好碰到这些内容，不费吹灰之力就能解答出来。

……

相信很多人都有类似的体验，但很少有人想过为什么。为什么这些记忆会更加牢固？怎样记忆更不容易遗忘？这背后有什么理论支撑吗？

其实，记忆是一个大脑处理信息的过程，交谈则是大脑获取信息的一个重要通道，它是社会交往活动中的信息交易所，更是信息加工厂，在强化记忆方面有着不可低估的作用。

交谈有助于记忆

俗话说："听君一席话，胜读十年书。"

科学研究显示，与人交谈确实有助于加深大脑的记忆。交谈，即人通过语言、肢体、面部表情等来表达想法、观点，与他人进行相互交流的社会活动。

交谈之所以能够加强记忆，是因为与人交谈时，人的大脑处于良好的工作状态。交谈时，既要倾听对方说了什么，又要表达自己的观点和想法。这种交互式的活动让我们的注意力更集中，与单独记忆时的心不在焉相比，自然记忆效果更好。

此外，与人交谈就好比一场头脑风暴，大家共同切磋、讨论，往往能够让我们茅塞顿开，之前对记忆材料的疑惑和不解烟消云散，从而产生更深刻、更准确的记忆。

交谈记忆法的核心

交谈记忆法的核心和精髓一个是听，一个是说。

一是会听

倾听是一种美德，更是一种社交艺术。要想用好交谈记忆法，就必须学会倾听。

首先，要了解说话者的立场、地位、身份等，听出对方话中的重点内容。需要注意的是，锣鼓听音，听话听声，千万不要只听表面，还要听出对方的言外之意。其次，要尊重说话者，不可粗暴打断对方说话，如听到有疑问或者不清楚的部分，可以提出来，请对方详细说明。

为了牢记对方谈话中的知识和信息，要有意识地在大脑中反复记忆，以便让短时记忆转化为长时记忆，这样我们的记忆就会更准确、更牢固。

二是会说

说话人人都会，但并不是每个人都能把话说好，说出水平。交谈首先要确定一个中心，杂乱无章的表达会影响我们的记忆。其次表达要有条理，逻辑要清晰，内容要明确，语速要适中。最后，交谈时不要讽刺挖苦，不要信口开河，不要啰唆，重复没有实质意义的修饰词。

此外，交谈是一个互动的过程，不要自说自话，要适当询问他人的想法，可以提出一些问题引导对方参与交谈、讨论，以便让交谈更好地进行。

总的来说，交谈记忆法是一种适用范围较广的记忆方法，可以用于各种知识和材料的记忆，不管是抽象的数学、化学、物理等理科知识，还是语文、历史、政治等人文知识，都可以用这种方法来强化记忆。

不过，在使用时，一定要明确交谈和讨论的议题，只有这样才能让交谈围绕中心进行下去，避免偏离主题，最终达到以交谈促记忆的目的。

7.5 尝试回忆法

尝试回忆法，即认真熟读记忆材料后，试着回忆或背诵材料，如中途遗忘或遇到困难，则再重新记忆材料，并继续尝试回忆或背诵的一种记忆方法。

对此，你可能会有疑问：这种看似毫无技术含量的记忆方法真的有效吗？答案是肯定的。美国心理学家专门做过实验，结果显示：记忆效果的好坏与尝试回忆的时间息息相关，尝试回忆的时间越多，记忆效果越好。

不仅如此，心理学家还找到了最佳的阅读与回忆比例，将2/5的时间用于阅读，3/5的时间用于回忆时，记忆效果最好。

与单纯的反复阅读材料相比，使用尝试回忆法的记忆效果非常惊人。两组被试在相同的时间内记忆同一段材料，第一组全部时间用于阅读记忆材料，第二组用2/5的时间阅读材料，3/5的时间尝试背诵。测试结果显示：第一组实验者平均记住了1/3，第二组平均记住了1/2。显然，使用尝试回忆法的一组成绩更优异。

尝试回忆法的优点

尝试回忆法有以下两个突出的优点：

一是可以增强我们记忆时的自信心。记忆时的心态是影响记忆效果的一个重要因素，积极自信的情绪比失望消极的情绪更利于记忆。尝试回忆可以让我们清晰地感觉到，自己所做的努力是有成效的，我们确实记住了一些内容，而且随着尝试回忆的次数增加，记住的内容越来越多，这无疑有利于建立起记忆材料的自信心，进而提升记忆效率。

二是可以让我们更清晰地了解自己的记忆情况。每次尝试回忆都是一次认识自己，与大脑进行对话的过程。通过回忆，我们很清楚地知道，哪些内容已经记住了，哪些内容是模糊不清的，哪些内容是完全没有记住的。“知己知彼，方能百战不殆”，只有了解认识自己的记忆情况，才能找到记忆难点，对其进行重点记忆。

尝试回忆法训练

尝试回忆法之所以有效，是因为它利用了大脑的反馈效应。

对同一段材料进行反复记忆后，大脑由最初的兴奋状态转为抑制状态，大脑的工作效率大大降低，记忆效率也随之下降。此时，通过回想或尝试记忆，可以让大脑的神经细胞再次出现兴奋状态，记忆效率得到提升。

这种记忆方法的适用范围非常广泛，不需要其他工具或辅助条件，独自一人就可以完成，是一种随时随地都可以使用的记忆方法。不过，要想取得较好的记忆效果，我们还需要做一些小小的训练，来强化尝试回忆法的基本功。

小练习 请花 20 秒钟，记忆如下材料。

翻过四座山，再过两条河，有一个叫豹头沟的小山村，那里住着一位资深猎户。他从 19 岁开始进山打猎，猎过熊瞎子，也猎过豹子、老虎，独自打猎 26 年，直到 45 岁跌落山崖离开人世。

阅读完毕，请遮盖上述内容，将空白处填写完整。

翻过____座山，再过两条河，有一个叫________的小山村，那里住着一位资深猎户。他从 19 岁开始进山打猎，猎过________，也猎过豹子、老虎，独自打猎____年，直到____岁跌落山崖离开人世。

如果不能一次把上述问题都答对，可反复进行记忆和尝试回忆，直到准确记住全部内容为止。

练习尝试回忆法时可以使用其他的训练材料，具体训练方式可参考这个小练习。我们可以根据自己的具体情况来安排训练材料，比如在数字记忆方面比较薄弱，可以安排专门的数字材料进行训练；英语方面的记忆效率较差，则可以安排英语短文进行尝试回忆训练。

总的来说，尝试回忆法就是自己考自己，自己把自己视为对手，只要我们充分调动自己的主观能动性，把大脑的记忆潜力激发出来，记忆效果就会大大提升。

7.6　抄写记忆法

“好记性不如烂笔头”，所谓抄写记忆法，就是通过动手抄写记忆材料来提高记忆效果的技巧和方法。

著名教育家徐特立曾经说过：“买书不如借书，读书不如抄书，全抄不如摘抄。”抄写确实有提高记忆效果的作用，这是因为抄写比阅读更能调动大脑的参与性，大脑参与度更深，思考更积极，工作效率自然大大提高。

抄写是最简单的记忆法，只要有纸有笔就可以。不仅如此，它的适用范围也非常广，不管什么样的记忆材料都可以通过抄写来巩固记忆。手抄一遍，胜读十遍，虽然抄写比阅读更费时间，不过实践证明，抄写远比阅读的记忆效果好，是最佳的记忆方法之一。

抄写记忆法的分类

按照不同的抄写方式，抄写记忆法可以分为全抄、摘抄和反复抄三大类。

第一类：全抄

顾名思义，就是将记忆材料全部抄写一遍，要求做到一字不漏。这种抄写方式适合记忆重要材料、难点材料、必须准确记住的材料，虽然费时费力，但记忆效果不错。

比如化学中的元素周期表、各类学科中的公式、定理等，这些材料对记忆的精准度要求很高，比较适合采用全抄的记忆方式。如果是只需记住大意的材料，则不必全抄，毕竟一字不漏地抄写不重要的内容，并没有太大的实际意义。

第二类：摘抄

摘抄，即先将记忆材料中的重点、核心部分找出来，然后再进行抄写的一种记忆方式。比如，重点数据、重要观点、名言警句等就适合运用摘抄记忆法。

摘抄的关键是挑选抄写的内容。要注意，抄写的内容必须有价值。此外，抄写时不可敷衍了事，字迹要端正，内容要准确无误，还要标明出处，以免在抄写记忆的过程中造成记忆盲点。

第三类：反复抄

不要以为反复抄就是对记忆材料一字不差地抄写几遍，直到完全记住为止。其实，反复抄也是有一定的方法和技巧的。

通常，反复抄要遵循“越抄越少”的原则：第一遍要全部抄写，以便更好地理解记忆材料；第二遍则每句话只抄写几个字，要达到记住几个字就能回想起全句的目的；到了第三遍则只需抄写段首两个字……如此反复抄写几遍，越抄越少，记忆就会越来越好。

这种方法尤其适合临考前的记忆突击、末尾阶段的紧张复习等。

抄写记忆法的注意事项

同样是抄写，一边思考一边抄写和一边看电视一边抄写的效果是不一样的。所以，要想用好抄写记忆法，就要注意以下事项：

一是抄写必须认真投入。抄写记忆材料时，要最大限度地调动大脑，一边抄写一边思考、理解、记忆。切不可为了抄写而抄写，一边听音乐、看电视一边抄写，这种做法会分散大脑的注意力，导致记忆效率低下。

此外，抄写记忆材料时不要偷懒、耍小聪明。手拿两支笔，一次可以抄写两遍，相信不少人都听说过这种做法。上学时，为了完成老师布置的作业，有些学生就用这种方法来写作业。千万不要这样做，抄写是为了记忆，而不是为了抄写。

二是及时检查、回顾抄写材料。每次抄完记忆材料后，要回顾一下全文，检查自己是否有抄错、抄漏、抄串行等情况发生。这样做的好处显而易见，既检查了抄写的正确性，让我们及时更正抄写中的问题，又加深了记忆，避免了遗忘。

对于抄写过的材料，可以不时地翻阅，这有助于我们巩固记忆、加深印象，从而有效提升抄写记忆法的记忆效果。

7.7 多通道记忆法

多通道记忆法，即将视觉、听觉、味觉等多种感觉器官，语言、行动、思考等多种行为调动起来，以协助我们记忆的一种技巧和方法。

苏联心理学家沙尔达科夫通过实验很好地证实了这一点。他的实验结果显示：只听不看的记忆量为60%，只看不听的记忆量为70%，既听又看时记忆量显著提升，可以记住86%的内容。

《礼记·学记》中也有类似的内容："学无当于五官，五官不得不治。"这句话深刻揭示了五官参与在学习和记忆中的重要性。这表明，早在2000多年前我国古人就已经认识到读书学习要用眼看，用耳听，用口念，用手写，用脑子想，这样才能增强记忆效果。

无独有偶，宋代人读书非常讲究"三到"。朱熹在《训学斋规》中写道："心不在此，则眼不看仔细；心眼既不专一，却只漫浪诵读，决不能记，记亦不能久也。三到之中，心到最急，心既到矣，眼口岂不到乎？"

由此可见，记忆时充分调动大脑的视觉中枢、听觉中枢、语言中枢、运动中枢等，对于记忆效果的提升是非常明显的。这也是多通道记忆法的根基所在。

多通道记忆法的原理

要记忆信息，大脑必须接收信息。大脑接收信息的通道很多，比如眼睛看到的、耳朵听到的、鼻子闻到的、手触摸到的等，这些渠道获得的信息都会传输到大脑。但大脑对不同通道获得的信息是有记忆偏好的，显然多个通道同时传输的信息比单一通道更容易引起大脑重视，也更容易被记住。有多种感知觉参与的记忆也比单一知觉的记忆更牢固。

记笔记就是一种多通道记忆法。记笔记并不是把老师、领导的讲话一字不漏地记下来，由于讲话的速度快，写字的速度慢，逐字逐句地记笔记，只会让我们陷入顾此失彼的泥沼中无法自拔，不仅无法较好地记笔记，还会影响听讲。正确的做法是，在听懂的基础上，一边听一边思考，然后自己梳理总结出重点，并用自己的语言记下重点、关键点和核心内容。

这种调动眼、脑、手、耳朵同时工作的记笔记活动，运用了多通道记忆法，可以让我们对讲话内容印象更深刻。

这种记忆法尤其适用于对重要、陌生、繁多信息的记忆，看、听、嗅、摸、尝等多种感官的参与，可以帮助我们将短时记忆转变为长时记忆，加深我们的印象。听课、会议记录、大规模复习等都可以采用记笔记的方式，运用多通道记忆的优势来强化我们的记忆力。

多通道记忆法的训练

要将多通道记忆法的效果发挥到极致，就必须做好多种感官协同记忆的工作。多种感官的协同越好，记忆效果就越好。我们可以通过训练来强化多种感官协同记忆的能力。

训练一

这是一组针对耳、脑、手、口的协同记忆训练。

在安静的环境下，播放完全陌生的歌曲，仔细听歌词、记音调，可以通过反复听来对照。等熟悉歌曲后，清唱，然后再听、再唱，直到听唱合一。

美妙的音乐能给人带来愉悦。这是一种轻松、快乐的训练方式，我们可以在闲暇时进行训练，不必有记忆上的心理压力，完全当成是自己学唱新歌，这时往往会有想不到的乐趣。

训练二

这是一组眼、脑、手、口协同记忆的训练。

首先，借助自己的眼睛去看、去观察，既可以是书中的某一段内容，也可以是热闹的街市场景。然后，用笔记下我们看到的，反复朗读，直到能默写或背诵为止。

多种感官协同记忆的训练方式有很多，如果是可以食用的东西，我们还可以通过咀嚼、嗅闻等来进行协同记忆。总之，不要拘泥于以上两种训练方法，可以根据具体情况和个体差异，找到最适合自己的训练方法。

第 8 章

其他记忆法

8.1 顿悟记忆法

大街上突然偶遇一个很久不见的同学，他的名字就在我们的嘴边，可我们却像被施了魔法一样，无论如何也想不起对方叫什么。

一整天都在费尽心思地思考某一个问题，可是无论如何都找不到解决方案，结果临睡前不经意间大脑里突然冒出一个无比完美的解决方案。

出门买东西，走到商店门口时，大脑却一片空白，完全想不起自己为什么要来商店，也不记得有什么东西需要买。

……

相信很多人都有过类似的体验，这究竟是怎么回事呢？原来，记忆有时候会因为某种原因陷入“沉睡”！心理学研究发现，当脑神经没有得到调节时，就会造成一时的“闭塞”，比如思维活动过快过急时，思维信号就可能突然中断，表现出来的就是我们突然“失忆”了。

这种“失忆”并不是真正意义上的失忆，而是一种假性失忆。此时，只要稍有一点小小的提示或脑神经得到适当的调节，原来怎么也想不起的细节，就会清晰呈现在我们的脑海里，记忆就会重新回笼。我们将这一过程称为顿悟。

顿悟记忆法，顾名思义，就是借助调节脑神经以及增加线索的方法来强化记忆，尽可能减少假性失忆的一种记忆方法。

牛顿与顿悟记忆法

顿悟记忆法是一种可以唤醒我们记忆的神奇方法，科学巨匠牛顿就曾运用这种方法找到了百思不得其解的书房发生火灾的原因。

牛顿 49 岁那年，他的书房遭遇了一场火灾，很多宝贵的学术资料都烧为灰烬，牛顿为此非常沮丧，苦苦寻找火灾的原因却始终无果。

两年后，牛顿和往常一样，起床后开始洗脸。这时，他透过镜子看到自己脸上的水珠，突然顿悟到当年书房失火的原因。

原来失火那天，牛顿在洗脸时，想起自己的研究资料中有一个小细节需要补充，于是还没来得及擦干水滴，就立刻来到书房伏案工作。而正是没擦干的水滴导致了这一场火灾！因为水滴滴在书桌的玻璃片上，在张力的作用下，变成半圆形，形成一个“透镜”。在阳光的照射下，水滴发挥透镜的聚光作用，最终导致了这场火灾。

引发顿悟的四大方法

顿悟记忆法的关键是顿悟。在很多人看来，顿悟似乎可遇而不可求。那么，我们如何利用顿悟来记忆呢？以下是四种常见的方法。

方法一：展开想象法

大脑完全不思考，是很难顿悟的，顿悟的关键在于大脑的灵活思考。我们可以通过想象来强化大脑的顿悟能力，只要我们将想象力、记忆力、观察力、判断力恰如其分地调动起来，就能够产生顿悟，并产生更深刻的记忆。

方法二：触类旁通法

所谓触类旁通，简单地说，就是当我们无论如何也想不起同学 A 的名字时，不妨让紧绷的神经松弛下来，仔细回想一下 A 的兴趣爱好、有哪些好朋友、曾在哪里一起玩过、和哪个同学最要好等。在这些发散性的记忆中，可能会找到一些有用的线索，比如想到小学时一次恶作剧，有同学给 A 起了一个“太监小李子”的外号，想起 A 姓李，最终想起 A 的姓名是李建。

方法三：缩小焦点法

大脑的记忆总会出现这样或那样的盲点，如果我们努力回忆始终不得要领，不妨通过缩小记忆焦点的方法来寻找线索。

例如，遇到一个明明很熟悉的字，可就是想不起该字的读法和用法，这时我们可以通过缩小记忆范围来唤起回忆。可以在大脑中搜索，什么时候使用过这个字，这个字和其他字组成的词语有哪些，它的形近字有哪些……这样一点一点缩小范围，我们就能找到更贴近、更关键的信息和线索，从而重新唤起沉睡的记忆。

方法四：触景生情法

当我们身处一个熟悉的场景中时，那些我们认为早已经遗忘、远去的记忆又重新浮现，仿佛就发生在昨天一样。大脑对场景的记忆往往优于对细节、具体知识、文字信息的记忆，所以要想记起某些重要信息，不妨投身到与此信息密切相关的场景中去。触景生情会给我们的大脑提供强有力的线索，帮我们找回模糊的记忆。

8.2 有意记忆法

按照人脑的主观意识，记忆可以分为有意记忆和无意记忆。

有意记忆即有明确目的或任务，有针对性的记忆方式。与此相对，无意记忆即完全没有任何目的和任务，也不需做出任何努力的记忆方式。

心理学研究发现，有意记忆的效果远远好于无意记忆。简单说，带着目标的用心记忆更有效率。

有意记忆法，顾名思义，即通过强化记忆的目标和目的来提升记忆效果的方法。这是一种适用范围广、可操作性强的记忆方法，使用起来非常快捷，无须太多的工具与辅助条件。

有意记忆法的效果

有意记忆法的效果十分显著，有心理学家做过实验：选择两个同年级且人数相等的班级，并预先进行了记忆力测试，给两个班的学生布置了同样的背诵课文作业，并说明会在第二天的早自习进行默写测验。结果两个班的成绩差不多。这说明两个班的学生在记忆能力上相差无几。

接下来，给其中的 A 班再次布置了一篇背诵课文的任务，并说明第二天会默写测验；同时给对照组 B 班布置了同样的背诵课文任务，但并没有说要测验。

实验结果表明：A 班的记忆成绩明显好于 B 班。

这就是有意记忆法的神奇作用。只要我们想记某件事，我们就能记住，并且记得很牢固。相反，对于那些每天输入大脑的“过路”信息，大脑则不会对其进行特殊处理，任凭它们输入大脑，然后逐渐被丢弃、遗忘，直到再也想不起来。

由此可见，要想拥有强悍的记忆力，就必须有明确的记忆目的。记忆任务越明确，就越能调动大脑的积极性，从而全力以赴地完成记忆任务。

在设定记忆目标和任务时，要尽可能具体、明确，比如一天记住哪十个单词、半小时背诵某一首古诗等。俗话说，磨刀不误砍柴工，千万不要在确定记忆目标和任务时偷懒。

有意记忆法的要领

首先，主动有意识的记忆很重要。有意识的记忆要求我们专心，屏蔽周围一切妨碍我们记忆的因素。比如记忆单词时，不要开着电视，也不要播放音乐，要磨炼自己的意志力，告诉自己没有完成记忆任务，就不能玩手机、不能上网。只有专注，记忆效果才会好。

其次，不要轻易打断记忆。和计算机相似，大脑在记忆时也需要一个“开机”阶段，刚开始记忆时，大脑还没完全进入记忆状态，此时记忆效率相对较低。等大脑逐渐适应这一状态，就会进入一个高效率的状态中。因此，要想取得较好的记忆效果，就不要轻易打断大脑的这种记忆状态。这就要求我们在记忆时，要保持一个避免被外界打扰的环境。

最后，有意记忆要讲究方法和技巧。对于繁多、冗长的记忆材料，即便我们意志力坚定，也很难一口气记完，勉强坚持，只会让我们的积极性和自信心受到打击。此时，不妨采取化整为零的方法，将记忆材料拆分为几个小部分，然后再使用有意记忆法，这样效率就会大大提升。

8.3 转移记忆法

现实生活中，遗忘总是在所难免，尤其是在我们情绪紧张、焦虑的情况下。比如，上台演讲前，明明已经把演讲稿背得滚瓜烂熟，可一上台，大脑立刻一片空白，完全想不起自己该说些什么；再比如，刚刚随手将手机放在桌子上，转眼就忘了放在哪里，到处找不着。

有时候，我们实在想不起已经记住的内容或材料，哪怕绞尽脑汁也无济于事，往往越是着急，就越想不起来。遇到这种情况，不妨放松一下，去周边找找线索。

转移记忆法，即当无法回忆起记忆内容时，先暂停回忆，转移注意力，从周边寻找线索的一种记忆方法。这种方法适用于大脑因紧张、着急、压力等导致的“暂时性失忆”，对提高演讲水平、考试成绩等具有重要的意义，可大大减少关键时刻因发挥失常而导致的遗憾。

转移记忆的三种方法

当大脑处于极度紧张、忙碌、超负荷的状态时，往往会产生抑制作用，从而导致记忆盲点。对此，我们可以通过以下三种方法来避免暂时性失忆，取得更好的记忆成绩。

方法一：深呼吸放松法

紧张是导致大脑“短路”的重要原因，在考试、演讲、直播等重要场合，平复紧张情绪是避免暂时性失忆的有力举措。深呼吸可以让我们暂时忘掉紧张和忧虑，将注意力集中到自身的呼吸上，这样一来，被抑制的记忆就会变得清晰起来。

方法二：娱乐放松法

当我们因为紧张等原因而出现短暂性失忆时，说明大脑的负荷已经到了极限。此时，我们最需要的是放松。不管眼前的事情多么重要，哪怕是高考这样决定人生命运的重大时刻，也要先放在一边。不妨看看自己喜欢的电视、电影，或者出去打一会儿球、和好朋友去逛街等。这些娱乐活动能让大脑放松下来，抑制作用减弱了，记忆效果自然更好。

方法三：曲线回忆法

对于要记忆的资料，实在想不起来，那就换个角度想。

通常，我们在回忆时都会采取直接提取的方法，这就好比走一条笔直的路，当此路不通时，未必说明我们肯定无法到达终点。此时换个角度，迂回接近终点，也是有可能实现目标的。所谓曲线回忆法，就是避开难以回忆的信息，转而从其他记忆中搜寻线索。

注意事项

转移记忆法不是主流的记忆方法，它的适用范围比较窄，只有在考试前、演讲前等容易紧张、压力大的特殊时刻使用，效果才明显。

此外，转移记忆法有一个前提，即它只针对已经完成记忆但发生了暂时性遗忘的情况。如果一开始就没有记住，那么无论你再怎么转移，也无法想起来。

这种方法在寻找失物时尤其管用。

重要物品丢失后，人们大多比较着急，越急越想不起来东西到底丢在哪里，反而导致记忆被抑制。这时不妨转移注意力，避开东西丢失的记忆难点，想一想自己为什么到这里来，从哪条路走的，都去了哪些地方……这样反而有可能找到物品丢失的有用线索。

8.4 改错记忆法

爱迪生曾经说过："失败也是我所需要的，它和成功一样对我有价值。"

在记忆领域，失败同样重要。错误、缺漏的记忆能够给人深刻的教训，督促我们在错误中修正记忆，同时这样的记忆也更容易引起大脑的重视，从而达到加深印象的记忆目的。

改错记忆法，顾名思义，就是从自身的记忆错误中吸取教训，并在改正记忆错误的过程中加深印象，以协助大脑更准确地完成记忆的一种方法和技巧。

这种记忆方法看似普通，让人怀疑其效果，但它背后其实有着心理学基础。英国心理学家巴特利特指出：测定智力技能的唯一标准可能是检测并摒弃谬误的速度。

在实际生活中，懂得运用改错记忆法非常重要。人的错误记忆一旦形成，就会非常牢固，短期内很难改变，即便我们知道自己的记忆错了，在下次回忆起该知识点时，仍然会出错。这是因为，人的记忆有先入为主的思维定式，一旦在脑海中形成固定印象，我们就会不自觉地搜集相关信息来支持自己的固定印象，哪怕这个固定印象是错的。

研究表明：错误的信息在大脑中保持的时间越长，记忆就会变得越稳定，而这种稳定的错误信息会对新识记的正确信息产生抑制，导致正确的信息很难在大脑中扎根下来。

因此，如果我们不希望大脑被错误的信息盘踞，就必须及时修正错误，这也是改错记忆法的意义所在。

改错记忆的技巧

其实，改错记忆法对很多人来说并不陌生，学生时代一些学校和老师，就开始引导我们运用这种方法来提高成绩。以下是改错记忆法的技巧。

首先，找到自己记错的信息。改错记忆法的前提是有错需要改，这就要求我们寻找错误，知道错在哪里，怎么错了。可以通过背诵、复述、默写记忆材料的方法来检验记忆效果，然后再与记忆材料一一核对，找出记忆出现偏差、遗漏的地方。

其次，准备一个专门的改错本。如果记忆的信息种类很多，则可以多准备几个改错本，分门别类地使用，比如一个专门用于英语记忆的改错、一个专门用于诗词记忆的改错等。然后将自己记错、记漏的地方总结在本子上。需要注意的是，在改错本上书写时，一定不要记错内容，以免造成对错误记忆的强化。直接将自己记错部分的正确内容写在改错本上即可。

最后，要用好改错本的功能。我们在书写时，对正确记忆进行了强化，但依然无法摆脱错误记忆的干扰和抑制作用，而且随着时间的流逝，还会发生遗忘，所以需要时常翻看改错本。经常翻看改错本，远比复习全部记忆信息省时省力，也更有效率。

因此，要养成定期翻看改错本的好习惯。

注意事项

改错记忆法的核心是改错，如何改错、怎样改错直接影响整体记忆效率。改错时，并不是将记错、记漏的部分誊写在改错本上，就万事大吉了。这种流于形式的改错注定是毫无效果的。要想用好改错记忆法，就要注意以下几点：

（1）改错过程中一定要积极分析、认真思考。只有深刻认识到我们为什么会记错，是因为相似而记错，还是因为对内容不理解，抑或记忆时心不在焉……找到了原因，才能对症下药。

（2）改错时一定要改对。如果修正后的信息还是错误的，那不仅失去了改错的意义，还会造成记忆上的混乱，很难分清哪个是正确的，最终给记忆造成负面影响。

(3) 不要狭隘地理解改错记忆。既要能改自己的错，也要善于从他人的记忆失误中吸取经验教训，以便更好地避免自身记忆时的类似问题，真正做到“记一遍，精一遍”。

8.5 朗读记忆法

朗读并背诵全文，这是上学时老师经常布置给我们的任务。从小学开始，它就出现在我们的语文课本中。对很多人来说，早晨大声朗读是他们学生时代的回忆。

事实上，朗读有助于记忆。日本心理学家高木重朗曾经说过：“朗读比较好记，尤其是在头脑不清醒的时候，更应该清楚地读出声来，这是因为朗读会给大脑刺激，思想容易集中到一点，整个身心就好像进入了‘临战’状态。”

朗读记忆法，顾名思义，就是通过朗读相关材料和内容来强化记忆的一种方法和技巧。这种方法尤其适用于语文、英语、历史、地理等学科，比较抽象的化学、物理、几何等则不适合朗读记忆。这也是为什么学校里的早自习常常安排语文和英语两门学科的原因。

朗读记忆法的要点

朗读记忆法的核心是朗读。一般来说，朗读要做到口齿清晰、读音标准、声音洪亮。在朗读的过程中，眼要看，口要说，大脑要思考，手也要跟着翻页或捧书，这种多感官参与的形式有助于提高记忆效率。

首先，朗读要反复进行，读第一遍时由于需要熟悉、理解记忆材料，难免出现磕磕绊绊的情况，对此不需要太担心。当我们读第二遍、第三遍时，自然就会流畅起来。

其次，朗读的语速也很重要。实验证明，朗读时语速太慢不但费时费力，还容易导致记忆信号中断。相反，语速太快也不利于记忆，因为那样做很难在大脑中留下深刻印象。所以，我们在朗读时，要保持适中的语速。

最后，要学会将朗读与背诵结合起来，一遍一遍地反复朗读。等到熟练后，我们就要开始尝试背诵，两者相互配合记忆效果更佳。

朗读记忆法的步骤

第一步：尝试朗读

拿到记忆材料后，我们首先要做的就是熟悉并理解材料。第一遍朗读时，对于不清楚的读音、不认识的汉字、不理解的词语，绝不能轻易放过，而应主动查字典，弄清材料中的一切疑难问题。对于读错的内容，在朗读时要随时进行纠正，不能将错就错。

第二步：熟读

第一遍朗读后，我们对记忆材料有了一个整体上的认识，此时就可以开始第二遍、第三遍的朗读。这一阶段的目的，主要是加深大脑的记忆。第一遍尝试朗读后，大脑对记忆材料形成了瞬时记忆，此时如果不加以巩固，很快就会完全遗忘。熟读是巩固记忆，将瞬时记忆转变为长时记忆的重要步骤，千万不要偷懒。

第三步：诵读

只熟读很难达到准确记忆的目的，我们需要通过背诵来检查、强化记忆效果。可以凭记忆进行脱稿朗读，如中途遗忘，可翻看记忆材料。这样反复几次，即可达到诵读的水平。

尽管朗读记忆法是一种高效的记忆方法，但如果我们从不复习，也是无法抗拒遗忘的。因此，在诵读记忆材料后，还要时不时地温习。

8.6 兴趣记忆法

对于我们感兴趣的电视、电影、动漫等，哪怕只看一遍，其中的人物和情节也能记个八九不离十。但对于我们讨厌的奥数、理化知识，即便天天反复苦读，记忆效果仍然很差。

同样是记忆，为什么我们喜欢的电视、电影、动漫能够轻松记忆，而不喜欢的知识则记忆效果很差呢？这其中究竟有什么奥妙？

答案是兴趣！著名心理学家皮亚杰说过："所有智力方面的工作都依赖于兴趣。"大脑的记忆也不例外，兴趣是记忆的先决条件之一。

所谓兴趣记忆法，就是通过培养、调动我们对记忆材料的兴趣来提高记忆效率的一种技巧和方法。这是一种非常有效的记忆方法。

兴趣记忆法的要点

俗话说，兴趣是最好的老师。大脑在记忆过程中是有偏好的，对于感兴趣的内容，通常记忆速度会很快，而且容易记得牢。比如，童年时期特别喜欢看的电视节目，即使到了成年后，我们依然能够毫不费力地想起重要情节以及男女主角的名字，这就是兴趣的神奇力量。

可能有人会说："这种记忆方法看起来是有效，可根本不好用啊。我对数学一点都不感兴趣，不但没兴趣，还很抵触，这怎么用兴趣记忆法？又不能换个大脑……"

事实上，绝大多数人在记忆自己不感兴趣的内容时，都会出现抵抗情绪，但这并不代表你对记忆内容完全没有兴趣。

一方面，我们判断自己对某件事情是否感兴趣往往是盲目的。比如因为讨厌数学，所以将它剥离出来，放到自己不愿触碰的意识层面去。其实，有可能我们对数学并不了解。当你放下抵触心理，尝试着去了解数学时，也许会发现，原来数学这么有趣啊。

所以，心理学家鼓励人们扩展自己的无意识边界，这样有利于发展出新的兴趣。

另一方面，兴趣是非常主观的东西，它会随着人的经历、心情、年龄等发生变化。儿童时期我们喜欢看动画片，青春时期喜欢偶像剧，成年之后则喜欢看美剧……这就是兴趣随年龄发生变化的过程。这说明，兴趣并不是一成不变的，我们能够发展出新的兴趣。

兴趣记忆法的关键在于兴趣，只有唤醒心中的兴趣，才能进入记忆的快车道。

唤起兴趣的五大方法

方法一：事业激励法

将记忆内容与自己的事业联系起来，可以唤起我们的记忆兴趣。心理学研究发现，志趣往往比单纯的有趣、乐趣更容易转化为记忆的动力。有趣常常稍纵即逝，乐趣也很难持久，而志趣是兴趣的最高形态，具备目的性和方向性，更有助于我们提高记忆力。

方法二：联想兴趣法

对于不感兴趣的记忆内容，我们可以通过联想来增加其趣味化。比如，对于原本很枯燥的化学元素符号，我们可以根据不同的特性将其拟人化。巧妙的联想、创造性的想象、编写有趣的故事等，都可以激起大脑的兴趣，从而提升我们的记忆效率。

方法三：重大事件法

越是无足轻重的小事，记忆时越容易遗忘，相反对于那些重大的事件，我们的记忆则非常牢固。因此，我们可以结合自身兴趣，将记忆材料转化为“重大事件”，以此来提高记忆效率。

方法四：播放音乐法

科学研究发现，音乐能够改变脑波的运动，舒适和谐的音乐能够激活大脑，让我们产生共鸣，从而提高大脑的工作效率。因此，我们可以在记忆材料时，播放一些舒适和谐的音乐。

方法五：减停冲击法

酒精、毒品、精神类药品、纵欲等，都会对大脑产生强烈的冲击，降低大脑的工作效率，同时也非常不利于唤起记忆的兴趣。所以，要想拥有好的记忆力，就必须杜绝这种不健康的冲击。

第9章

记忆力训练

9.1 唤醒身体

记忆是通过人的大脑实现的，因此记忆效果的好坏必然受到人体状态的影响。一个极度饥饿的人，脑中只想着如何填饱肚子，此时很难集中精神进行记忆，记忆效果自然很差。

除了饥饿，干渴、疾病、犯困等都会影响大脑的记忆功能。烈日炎炎下背诵课文，无论你采取多么高超的记忆方法，都无济于事。过高的气温会让人心浮气躁，缺乏耐心，大脑的记忆效率大打折扣。同样的道理，过低的气温也会让人无心记忆，只想找个取暖的办法。

从生理学角度来讲，记忆是大脑的一种高级活动。和马斯洛的需求理论类似，大脑在工作时也是有先有后的，先处理与生存密切相关的吃、喝、睡等生理需求，当基本的生理需求得到满足后，才能全身心投入记忆这种高级的精神活动中。

如果你想拥有超凡的记忆力，就必须保持良好的身体状态。身体就好比一部精密的机器，只有唤醒它、启动它，将它调试到最好的状态，记忆活动才能高速运转起来。你想唤醒自己的身体吗？你知道如何唤醒自己的身体吗？以下为大家介绍几种唤醒身体的小方法。

方法一：营造记忆的最佳条件

实践表明：人在微饿、微冷的环境下记忆效果较好。很多人都有这样的体会：一顿饱餐后，整个人都懒洋洋的，很容易犯困、打盹。这是因为充分进食后，人体的血液会大量集中在消化系统中，帮助我们进行消化吸收，与此同时，输送到大脑的血液和氧气会相对减少，因此大脑会出现疲惫的状态。记忆活动不宜安排在饱餐后，最好安排在饭后一小时。

大脑是全身耗氧量最大的器官，占人体总耗氧量的1/4，因此氧气充足有助于提高大脑的工作效率，保持高度的注意力。从生理结构上看，大脑 80%以上由水组成，大脑获取的所有信息都是通过细胞以电流形式进行传送，而水是电流传送的主要媒介。所以，在记忆前，最好先饮一两杯清水，这有助于大脑运作。

此外，微饿、微冷、安静、无干扰的环境可以让大脑保持清醒，十分有利于记忆。

方法二：唤醒身体训练

只要借助一些小技巧，我们就能唤醒身体和大脑，让记忆变得更高效。

闭上眼睛吃东西、用手指通过抚摸分辨硬币、上下楼梯时戴耳机、大声朗读、在非常嘈杂的地方看书、吃苹果时想象香蕉的味道……日常生活中，我们不妨多做这样的事情，千万不要以为这些事情没有意义。科学研究证实，这些不起眼的小训练有助于我们唤醒自己的身体和大脑。

听舒缓的音乐，有利于大脑神经细胞代谢；与人聊天，可以锻炼大脑的功能；读书看报，能让你的大脑丰富起来；观察周围事物，并将它们储存在大脑中，可以活跃思维，提高大脑的记忆能力。

此外，经常参加体育运动也是唤醒身体的好办法。适量的运动能够增加我们的肺活量，血液中的携氧量也随之增加，进而改善大脑的供氧，记忆效率自然就提高了。另外，运动还可以提高我们的神经敏感度，增加身体的协调性和灵活性，反应快了，身体自然会精力充沛。

方法三：补充营养

大脑的功能很强大，但它的运作需要充足的营养作为保障。

那么，大脑爱“吃”什么呢？答案是，大脑爱“吃”糖。在多种营养物质中，只有糖能够顺利地通过脑障碍进入脑组织，进而被脑细胞利用。因此，我们可以适当增加甜食的摄入。

大脑还爱“吃”蛋白质中的谷胱甘肽。动物肝脏、血肉等食物中含有丰富的谷胱甘肽，多吃这些食物可以让我们的大脑更健壮。此外，卵磷脂也颇受大脑喜爱，蛋黄、黄豆富含卵磷脂，我们应当多吃鸡蛋、豆类食品。

维生素和某些微量元素也是大脑不可或缺的营养，菠菜、胡萝卜、橘子等蔬菜和水果有利于大脑的健康。

总的来说，要保持营养均衡，摄入的营养要满足大脑的日常需要，只有这样才能为高效记忆打下良好的基础。

9.2 寻求脑刺激

俗话说，大脑越用越灵活。这里面蕴含着大自然的普遍规律，用进废退，人类的大脑也不例外。大脑是人体进行思维活动、记忆活动的精密器官，大脑功能的退化会直接导致记忆力下降，因此要想拥有好的记性，就必须防止脑功能衰退。

防止脑功能衰退的最好办法是勤于用脑。西汉史学家司马迁认为，“精神不用则废，用之则振，振则生，生则足。”无独有偶，明代戏曲作家高濂也认为，“精神不运则愚，血脉不运则病。”

这种观点也得到了现代医学的证明。多动脑可以有效刺激脑细胞再生，增加脑细胞之间的联系，这种联系越多，形成的条件反射也越多，记忆力就越好。

加拿大科学家研究发现，为治疗肥胖将一根电极植入肥胖者脑部后，无意中改善了该患者的记忆能力。这一意外的发现为深度脑刺激研究打开了一扇新的大门，同时也证明，对大脑进行深度刺激对改善记忆能力是帮助的。

有意识、有针对性地对大脑进行刺激是保持大脑高速运转的途径之一。那么，怎样对大脑进行有益的刺激呢？

方法一：有意刺激大脑

只要让大脑积极接触陌生领域，积极刺激海马体的脑神经细胞，促进树突的生长，就可以活化大脑，改善记忆力。

具体怎么做呢？举个例子，可以换一条路回家，去一家完全陌生的餐馆吃饭，用左手端杯子喝水，或者看陌生类型的电影、电视、小说等，听不同风格的歌曲，到陌生的地方旅行，挑战自己从未做过的事情，例如蹦极、滑雪、大声吼叫，等等。

这些生活中的小事是刺激大脑的最好训练。如果你想拥有一个灵活的大脑，就不要抗拒改变，只有更多地去改变、去尝试，才能让我们的大脑变得丰富起来。

方法二：探寻无意识边界

从心理学的角度来讲，每个人的无意识领域都是有边界的，它就好比一堵高大坚固的城墙，将自己不熟悉、不喜欢、不知道的东西统统挡在外面。如果不去改变，任由大脑僵化，我们就会变成一个思维狭隘、固执、刻板的人。

在心理咨询师的带领下，去探寻无意识边界是一种刺激大脑的方法。当然，我们也可以自己来完成大脑的意识之旅。

了解、接触自己最讨厌的人，认真学习自己排斥的知识，学一门从未接触过的外语……探寻无意识边界的方法有很多，如果你从来不玩游戏，并认为玩游戏的人都是不思进取的人，那么你不妨试着玩一下，也许玩过以后，你的想法和观点会有所改变。

探寻无意识边界会让大脑变得更灵活、更包容，即便遇到复杂、困难的记忆材料，我们也能坦然处之，不会产生强烈的排斥心理，这对于提高记忆成绩很有帮助。

方法三：延缓记忆力衰退

记忆力衰退与年龄有关，不过四五十岁之前，大脑的学习能力并没有明显变化。我们之所以会感觉到记忆力衰退，很多时候与自己的用脑习惯有关。

长时间不运动、长期熬夜、看电视……这些不需要动脑的行为和习惯会导致大脑“衰老”。大脑记忆功能的好坏与我们是否经常锻炼大脑有重要关系。

随着年龄的增长，人脑的记忆能力会发生变化。成年后，记忆力通常会随着年龄的增长而减退。延缓记忆力衰退并不困难，只需要我们多做一些费脑子的事情，比如思考、阅读等；也可以做一些思维游戏、逻辑游戏、数独游戏等益智类游戏。

此外，要远离烟酒、毒品等。酒精、精神类药品、香烟会对人体造成不可逆的伤害，从而导致大脑反应迟钝，记忆力下降。所以，要延缓记忆力衰退，就必须保持健康规律的生活习惯。

9.3 锻炼左右脑

美国心理生物学家罗杰·斯佩里通过割裂脑试验，提出了左右脑分工理论，并于1981年凭借这一成就获得诺贝尔生理学和医学奖。

什么是左右脑分工理论呢？按照斯佩里的解释，大脑左右两个半球在机能上有分工，左半球感受并控制身体右侧，右半球感受并控制身体左侧。左脑善于掌握、运用概念，进行逻辑推理和判定分析，即对语言、数字、逻辑等信息敏感，偏向用语言、逻辑进行思考；右脑善于进行形象思维和空间想象，对图像、模型等信息敏感，偏向用图像、直觉进行思考。

斯佩里认为，大脑左右两个半球的功能存在显著差异，左脑是理性的、逻辑的，被人们形象地称为学术脑；右脑是感性的、直观的，称为艺术脑。

我们在记忆不同的材料时，大脑的左右两个半球的活跃程度是不同的，在记忆公式、定理等信息时，左脑会更活跃；而在记忆图像、令人感动的故事等内容时，右脑会更活跃。尽管大脑左右两个半球的分工不同，但在记忆这件事情上，左脑和右脑都非常重要。积极锻炼左右脑，对于提升记忆力有非常重要的价值。

那么，怎样锻炼我们的左右脑呢？以下是几种简单实用的方法。

方法一：石头剪刀布游戏

石头剪刀布是大家非常熟悉的游戏。千万不要小看它，这个游戏不仅适合小朋友玩，大人坚持玩也很有好处，因为它是一个非常经典的开发左右脑的游戏。

在这个游戏中，大脑会交替运用左脑、右脑，同时它还非常考验人的思考、判断、符号和语言能力。经常玩这个游戏，并且长期坚持，就能起到锻炼左右脑的作用。

方法二：视野训练

为了让自己的眼神更生动，著名京剧大师梅兰芳先生专门总结了一套练眼功。梅先生曾公开过这套练眼方法："右手向前平伸，并上下移动，头部不动，双眼注视食指指尖，随之而动，不断加快手指移动的频率，直至每分钟 100 次。然后，换左手，重复以上动作。晚上临睡前、早晨及中午各做一次，长期坚持，效果显著。"

其实，这种练习眼神的方法对于锻炼左右脑也是很有帮助的。训练中，人的眼睛一会儿向左看，一会儿向右看，一会儿向上看，一会儿向下看。在视野的反复切换中，左脑和右脑交替进行工作，不仅对大脑有锻炼作用，还能加强左右脑的协调合作。

方法三：智力游戏锻炼

拼图、魔方大家都不陌生，这两个游戏都可以作为训练左右脑的项目。拼图不仅考验大脑的联想、分析、思考能力，还能锻炼我们的眼力、左右手协调能力。经常玩拼图的人，大多思维敏捷，反应较快，大脑精力旺盛。魔方需要动脑、动手，也能起到锻炼左右脑的作用。

此外，抛接也是一种非常有效的训练。我们可以左右手轮流玩单手抛硬币、单手接硬币的游戏，也可以将帽子、球、水果等作为抛接对象。千万不要以为这种看似杂耍的动作只有杂技演员才需要练，普通人练习一些简单的抛接活动对左右脑都很有好处。

方法四：逆方向训练

日常生活中，大多数动作是靠右手来完成的，左手承担的动作要少得多。从大脑的生理角度来说，大部分人的左脑相对灵活，右脑则比较弱。左撇子则是右脑发达，左脑相对较弱。

所谓逆方向训练，就是有针对性地训练左脑或右脑。比如，尝试用左手写字、左手拿筷子、左手按开关……通过有意识地让左手多动一动，可以锻炼偏弱的右脑。相反，如果是左撇子，则有意识地让右手多承担一些动作，从而锻炼偏弱的左脑。

此外，一些非常规的方法也能让大脑得到锻炼，比如倒走、倒立、背式跳高、背式游泳等。

9.4　补充脑营养

记忆在大脑中形成，要想拥有超凡的记忆力，就要保证大脑的营养供应。

俗话说，人是铁，饭是钢，一顿不吃饿得慌。其实，大脑也不例外，如果长期得不到充足的营养供应，“饥饿”的大脑工作起来就会效率低下。

说起补脑子的食物，大多数人都能说上几个，核桃、鸡蛋、牛奶……但这些食物真的可以补脑吗？它们又是怎样发挥作用的呢？

建筑式营养

脑细胞并非凭空形成的，它由多种营养物质组成，大多数脑细胞都需要健康脂肪。

此外，维生素 B6、B12、C，以及铁、钙等微量元素都是搭建大脑的必要元素。如果人体缺乏这些营养元素，脑细胞的活力就会下降，从而影响学习和记忆的效率。因此，我们必须保证这些营养的供应。

那么，如何摄取这些营养物质呢？三文鱼、金枪鱼、亚麻油、菜籽油、小麦胚芽、蛋类中含有丰富的健康脂肪，蔬菜和水果中含有大量的维生素。如果平时摄入的蔬菜水果较少，也可以通过保健品、复合维生素等补充。蛋、奶、肉等含钙量高，动物肝脏含铁、钙等微量元素，可以多吃，也可以专门买合成制剂来吃。

需要注意的是，不管是维生素片，还是钙片、补铁口服液等，都不建议长期服用，应尽量从食物中获取，或与食物配合食用，这样的吸收效果最好且对身体无副作用。

调节式营养

虽然大脑功能强大，但它也不是“铁人”，也会疲劳、倦怠，规律的作息对大脑的调节很重要。此外，大脑在自我调节时，需要一定的营养支持。例如，大脑在自我修复和更新的过程中会消耗大量的 ω-3 脂肪酸，因此我们要适时补充足够的健康脂肪。

大脑神经之间的信息传导主要依靠介质，这需要色氨酸或酪氨酸。这两种营养物质人体无法制造，只能从食物中获取，乳制品、蛋类、海鲜、大豆等都是不错的选择。

此外，要多吃富含膳食纤维的食物。血糖是维持大脑运转的重要能量，而人体的血糖值是一直变化的，进食后血糖升高，而饥饿时血糖较低。上下波动的血糖值会影响大脑的工作效率，膳食纤维可以稳定血糖值，对大脑功能有益。

修复式营养

大脑就像一台大型的精密机器，用久了也会老化，发生损耗。随着年龄的增长，大多数人都会出现记忆力下降的现象，这与血液中流动的自由基息息相关。自由基会对脑细胞造成损伤，它会分解脑细胞，造成记忆丧失的现象。

庆幸的是，这种损伤脑细胞的自由基也有天敌。抗氧化剂就是大脑最好的修复式营养，它可以对抗自由基，减轻自由基对大脑的负面影响。所以，平时要多吃富含抗氧化剂的食物，比如蓝莓、草莓、胡萝卜、大蒜、葡萄、菠菜、大豆、茶、番茄等。

大脑需要的营养这么多，究竟怎么吃最好呢？其实，利脑饮食并不复杂，只要坚持食物多样化、按时进餐、定时定量三个原则就可以了。除营养摄入外，睡眠不足、神经衰弱、酗酒、抽烟、精神压力大等也会导致大脑的记忆力下降，所以要注意养成良好的生活习惯。

9.5 越运动脑子越好

生命在于运动，大脑也不例外。古希腊哲学家柏拉图曾经说过：“为了让人类有成功的生活，神提供了两种管道——教育与运动。”

那么，运动真的有助于大脑记忆吗？答案是肯定的。

大量的记忆力研究显示：与那些不爱运动的人相比，长期坚持运动的人，在认知方面具有更加出色的成绩。这说明，运动确实会对大脑产生积极影响。

多咀嚼记忆好

你喜欢嗑瓜子吗？你喜欢吃口香糖吗？你喜欢吃花生、青豆吗？这些饮食小习惯可能正在帮助你锻炼大脑。

科学研究发现，咀嚼能有效防止记忆力衰退。是的，你没看错，嗑瓜子、嚼口香糖确实能够防止大脑记忆力衰退。这是因为，伴随着咀嚼次数的增加，脑部的供血量会增加。不仅如此，咀嚼还能让人放松，增加血液中的荷尔蒙，从而让脑细胞更有活力。

多运动供氧足

大脑是人体耗氧量最大的器官，同时也是一个非常脆弱的器官。哪怕只是五分钟的缺氧，也会造成大脑的严重损伤。更可怕的是，这种损伤是不可逆的，有不少病人就是因为暂时性缺氧导致大脑瘫痪，从此成了植物人。由此不难看出，供氧对大脑至关重要。

大脑的供氧情况与人的记忆力同样息息相关。尽管每个人的血液携氧量不尽相同，但所有人通过运动都可以有效改善脑部的供氧状况。

运动可以增加全身组织的血流量。随着血液流动的改善，运送氧气和废物的能力得到提高，运动越多，为身体输送的养料和排出的废物也越多。这个过程发生在我们身体的各处，也包括大脑，这就是运动可以改善记忆力的原因。

多运动情绪好

当你闷闷不乐的时候，你根本就无心记忆，即便迫于压力不得不记忆，其效果也会大打折扣。事实上，大脑的记忆力与情绪之间有一种十分微妙的关系，直接影响我们的记忆成绩。

运动是调节人体情绪最好的工具。越来越多的研究证明，运动可以对抑郁症、焦虑症患者产生积极影响，对调节不良情绪也十分有效。从生理上讲，运动可以改变血清素、多巴胺和去甲肾上腺素三类神经递质的释放情况，正是它们让大脑快乐、兴奋起来。

郁闷、伤心、焦虑……不管哪一种负面情绪，都可以通过运动来调节，情绪好了，人高兴了，记忆的效果自然就会大幅提升。

多运动更专注

专注也是影响大脑记忆效率的重要因素。

研究表明，体质好的儿童和青年能够为一项任务配置更多的认知资源，并且可以在很长的一段时间内保持。换句话说，体质好的人在记忆活动中保持高度注意力的时间会更长。好体质当然不是天生的，后天坚持运动能够让你拥有令人羡慕的好体质。

此外，某些运动项目对提高专注力尤其有用。比如瑜伽，需要关注自身的呼吸，这有助于提高大脑的专注力。此外，太极拳、射箭、标枪等也是培养专注力的好方法。太极拳很慢，很能磨性子，长期打太极拳的人，记忆困难材料时往往更有耐心。射箭、标枪讲究准心，对专注的要求很高，也不失为一种训练大脑专注程度的好方法。

多运动记得牢

一株植物要想长得又快又好，就必须有足够的肥料。脑细胞的生长也一样。如果希望脑细胞茁壮成长、健康增殖分化，就需要有足够的脑源性神经营养因子（BDNF），这种化学物质就是脑细胞所需的“肥料”。

大脑中负责记忆的区域为海马体，这部分脑组织很容易受年龄的影响而退化。要想拥有良好的记忆力，就应该坚持运动，因为越是多运动，脑源性神经营养因子就越多，脑细胞就越有活力，记忆力也随之提高。

9.6　改善脑活性，激发灵感

现代人工作和学习压力大、任务重，不少人都有用脑过度的问题，时常觉得脑子不够用。这其实是脑活性低下的表现。良好的记忆力建立在健康活跃的大脑基础之上，如果大脑整天处于疲劳状态，缺乏活力和灵感，怎么可能有较好的记忆效果呢？

那么，你想了解自己大脑的活性状况吗？下面来做一组小测试。

1. 你早晨醒来是否经常懒得起床。
2. 走路时，是否觉得费力，有一种抬不起腿的感觉。
3. 一点也不想参加社交活动，能宅在家里的时候基本不出门。
4. 懒得说话，即便和朋友聊天说话，也是有气无力。
5. 经常发呆、发愣、瞎想。
6. 说话、写字的时候，总是莫名其妙地出错。
7. 记忆力越来越不好，昨天发生的小事都想不起来了。
8. 不管是工作、学习，还是出去玩、追剧，都提不起精神。
9. 食欲差，对美食缺乏热情。
10. 抽烟、喝酒、打游戏，拖延症越来越严重。
11. 晚上入睡困难，即使睡着了也不沉，很容易醒来且多梦。
12. 经常打盹，没精神，但想睡又睡不着。

以上 12 项，如果有 4 项以上，说明你的大脑轻微疲劳，缺乏活性，需要休息调整；如果超过 5 项，则说明你的大脑已经处于重度疲劳状态，必须马上休息。

千万不要以为脑疲劳是小事，严重者会出现明显的身体症状，比如失眠、焦虑、健忘，甚至会导致精神分裂。尤其是在当今社会，“过劳死”早已不是什么新鲜事。虽然大脑越用越灵活，但凡事过犹不及，长期高强度用脑也是不可取的。当大脑疲劳时，我们应该听从身体给我们发送的信号，适时休息和调整，以免造成更严重的后果。

大脑疲劳时，我们往往会感到头昏脑胀、反应迟缓、注意力不集中。在这种情况下坚持工作或学习，无论记忆力还是工作效率都很低下。因此，要想发挥出最好的记忆水平，就必须学会调节大脑的活性，远离脑疲劳。

那么，如何缓解脑疲劳，激发大脑的活性和潜能呢？

别让大脑超负荷

引起脑疲劳的主要原因是大脑的超负荷运转。

研究证明，过度用脑会导致脑细胞代谢产生更多的自由基、乳酸等，这些物质大量堆积，会阻塞大脑的营养通道，从而造成大脑血氧含量低，脑供氧不足。一方面是大量的消耗；另一方面是氧气和营养成分得不到足量的补充，由此导致大脑新皮质、大脑边缘系统和间脑之间的平衡关系受到影响，脑细胞活力下降，记忆力也跟着受损。

找到脑疲劳的源头，改善脑活性就变得很简单。在日常生活中，我们要学会劳逸结合，保证充足的睡眠，不要强迫用脑。一旦大脑感到疲劳，要休息几分钟，看看窗外的蓝天、鲜花、绿树等，这不但有助于我们缓解眼部疲劳，还能让大脑换个思路。此外，听一首舒缓的音乐，起身走动几分钟，欣赏一下令人愉悦、放松的艺术品等，都是不错的选择。

激发大脑活力

我们每天都在按部就班地生活，睡觉、起床、坐地铁、学习、工作……在这种程序化的节奏下，我们的生活变得单调乏味，大脑也跟着“麻木”起来。记忆是一项脑力活动，没有足够的大脑活力，如何完成高强度的记忆任务？

因此，我们需要激发大脑的活力。简单来说，就是给大脑一些刺激，给我们一成不变的生活增添一些不一样的色彩。

例如，我们可以尝试着跟陌生人交谈。这里所说的陌生人，可以是公交、地铁上的陌生乘客、超市的工作人员，也可以是小区里不熟悉的邻居等。同时，也可以前往陌生的超市、公园、餐馆、博物馆等，陌生的地点、陌生的旅程会让你的大脑倍感新鲜。

此外，倒着看书，换只手拿东西，参加辩论赛、公开演讲，尝试蹦极、跳伞、潜水……激发大脑活力的方法很多，只要能让你感觉新鲜、有趣，能够激起你强烈的情绪反应，都可以激发脑细胞的活力。

需要注意的是，不同的方法适用于不同的人，我们要找到适合自己的方法。

SUPER

MNEMONICS

下 篇
记忆应用

第 10 章

记忆长串数字 / 电话号码

长串数字是日常生活中的记忆难点，比如新到一家公司，所有同事、领导的电话号码都是新的，我们必须在短时间内熟记，以便顺利地开展工作。记忆全公司人的电话号码，记忆量十分庞大，大部分人难以做到。

诚然，我们可以打印一份全公司人的电话号码清单以备随时查阅，但这种办法显然不如记在脑子里好用。当你出差或恰逢周末时，如果有急事需要联系人，而身边却没有电话号码，一定会急得团团转。相反，如果能够将对方的号码牢记于心，就会彻底远离这种尴尬。

此外，准确记忆电话号码还能够提高工作效率，巩固大脑的记忆力。

10.1 记忆固定电话

国内固定电话通常由 8 位数字组成，与 11 位数字组成的手机号码相比，更容易记忆。下面我们通过不同的方法来展示固定电话的记忆方法。

第一步：将号码拆分成三组

直接记忆 8 位数字，很容易出现记住前面几位，后面几位却忘了的情况。对此，我们可以根据大脑记忆组块的规律，将 8 位数字分成 3 组。

比如，记忆以下 6 个固定电话：

63498597

63853425

85437057

67851818

52891288

76538323

可将号码拆分为三组数字，具体拆分情况如下：

63498597 拆分为 634 985 97

63853425 拆分为 638 534 25

85437057 拆分为 854 370 57

67851818 拆分为 678 518 18

52891288 拆分为 528 912 88

76538323 拆分为 765 383 23

拆分办法并不是固定的，可以根据个人记忆习惯，调整拆分办法。如果记忆力不错，而且擅长数字记忆，则可将号码拆分为两组，具体拆分情况如下：

63498597 拆分为 6349 8597

63853425 拆分为 6385 3425

85437057 拆分为 8543 7057

67851818 拆分为 6785 1818

52891288 拆分为 5289 1288

76538323 拆分为 7653 8323

也有人喜欢更富于变化的数字组块，觉得这样的组块更能刺激大脑，激发自己的好奇心和求知欲，从而达到较好的记忆效果。按照这种思路，可采取以下拆分办法：

63498597 拆分为 634 98 597 或 6349 85 97 或 6349 859 7 等

63853425 拆分为 638 53 425 或 6385 34 25 或 6385 342 5 等

85437057 拆分为 854 37 057 或 8543 70 57 或 8543 705 7 等

67851818 拆分为 678 51 818 或 6785 18 18 或 6785 181 8 等

52891288 拆分为 528.91 288 或 5289 12 88 或 5289 128 8 等

76538323 拆分为 765 38 323 或 7653 83 23 或 7653 832 3 等

总之，在记忆固定电话时，对于如何拆分8位数字，完全可以按照个人的喜好和情况进行选择，以记忆效果最佳为基本原则。由于数字拆分方法较多，我们仅以第一种拆分办法为例，讲解具体的记忆方法和技巧。其他拆分办法，可根据自身情况进行个性化的改进和设计。

第二步：赋予每个数字组块意义

数字串的记忆难点是缺乏具体、形象的可记忆点，只要我们人为赋予其记忆点，记忆就会变得相对容易。设置记忆点的方法主要有谐音法、联想法、编码法。

谐音法

63498597 可记忆为 634（溜三丝）985（酒吧无）97（酒气）

63853425 可记忆为 638（六三发）534（五三死）25（二虎）

85437057 可记忆为 854（爸无私）370（散麒麟）57（我气）

67851818 可记忆为 678（六七八）518（我要发）18（要发）

52891288 可记忆为 528（我二爸）912（就要儿）88（发发）

76538323 可记忆为 765（气流无）383（三把伞）23（而散）

联想法

63498597 可记忆为：一名叫刘三斯的高考生（634），考中了 985 高校（985），家里为庆祝此事专门办了酒席，大家喝得满身酒气（97）。

63853425 可记忆为：有个姓刘的大妈，特别爱过三八妇女节（638），虽然没什么文化，但也不爱说三道四（534），反而在动物园上班，还养了两头老虎（25）。

85437057 可记忆为：爸爸捂死了（854）一只名叫三七的宠物狗（370），我不但伤心得流泪，还对爸爸生气了（57）。

67851818 可记忆为：邻居刘启八爱买彩票（678），整天念叨我要发（518），要发（18）。

52891288 可记忆为：我有个二爸（528），爱喝酒，喝多了就喊我幺儿

(912)，还要教我喊“爸爸”(88)。

76538323 可记忆为：奶奶走后，爷爷又娶妻了，这年他 65 岁（765）。三八妇女节，新奶奶买了把花伞（383），爷爷看见后想起了二三往事(23)。

编码法

除了上述两种记忆法，我们还可以现学现用，运用数字桩编码来记忆电话号码。

在第 5 章中，我们编制了以下数字桩：

0（鸡蛋）1（树）2（鸭）3（耳）4（船）5（虎）6（勺）
7（镰刀）8（葫芦）9（酒）10（台球）11（光棍）12（食饵）
13（石山）14（市肆）15（石虎）16（石榴）17（石器）18（石坝）
19（狮鹫）20（耳饰）21（二姨）22（鸳鸯）23（乔丹）24（表）
25（二虎）26（双勺）27（耳机）28（恶霸）29（二舅）30（三石）
31（三姨）32（扇儿）33（三山）34（绅士）35（山虎）36（山鹿）

现在，我们就用这套数字桩来记忆固定电话号码。

记忆 63498597

634：6（勺）34（绅士）。可记忆为：一个拿着勺子的绅士。

985：9（酒）8（葫芦）5（虎）。可记忆为：武松带着装满酒的葫芦打虎。

97：9（酒）7（镰刀）。可记忆为：死神一边喝酒，一边挥舞镰刀收割生命。

连起来可记为：一幅画上，画了三个怪人。一个拿着勺子的绅士，一个带着装满酒的葫芦打虎的武松，一个一边喝酒一边挥舞镰刀收割生命的死神。

记忆 63853425

638：6（勺）3（耳）8（葫芦）。可记忆为：拿小勺掏耳朵，然后装进葫芦里。

534：5（虎）34（绅士）。可记忆为：这是一个穿着虎纹衣服的绅士。

25：25（二虎）。可记忆为：两只老虎。

连起来可记为：宴会的一角，有个猥琐大叔，正在拿小勺掏耳朵，还把掏出的耳屎装进葫芦里。不远处有一个穿虎纹衣服的绅士，舞台上有小朋友正在表演“两只老虎”的节目助兴。

记忆 85437057

854：8（葫芦）5（虎）4（船）。可记忆为：葫芦娃骑着一只老虎上了船。

370：3（耳）7（镰刀）0（鸡蛋）。可记忆为：耳朵上挂着毒蛇，手里拿着镰刀，嘴里吃着鸡蛋。

57：5（虎）7（镰刀）。可记忆为：老虎不小心被镰刀伤到了。

连起来可记为：葫芦娃骑着一只老虎上了船，他们耳朵上挂着毒蛇，手里拿着镰刀，嘴里吃着鸡蛋。这时，老虎的脚突然被镰刀割伤了。

记忆 67851818

678：6（勺）7（镰刀）8（葫芦）。可记忆为：有一个怪老道，一手拿着勺子，一手拿着镰刀，眼睛看着酒葫芦。

518：5（虎）18（石坝）。可记忆为：一只大老虎趴在石坝上。

18：18（石坝）。可记忆为：石坝。

连起来可记为：有一个怪老道，一手拿勺子，一手拿镰刀，眼睛看着酒葫芦，不远处一只大老虎趴在石坝上，上游居然还有一个石坝。

记忆 52891288

528：5（虎）28（恶霸）。可记忆为：一只老虎拦住了恶霸。

912：9（酒）12（食饵）。可记忆为：渔民喝完酒，就买食饵去捕鱼。

88：8（葫芦）8（葫芦）。可记忆为：两个酒葫芦。

连起来可记为：森林里一只老虎拦住了恶霸；大海边，渔民喝完酒，就买食饵去捕鱼，嗜酒的渔民还专门准备了两个装满酒的酒葫芦。

记忆 76538323

765：7（镰刀）6（勺）5（虎）。可记忆为：相传有种怪物，拿镰刀当勺子，拿老虎当口粮。

383：3（耳）8（葫芦）3（耳）。可记忆为：有种小妖，耳朵里能藏宝葫芦，另一个耳朵里能听千里之音。

23：23（乔丹）。可记忆为：著名篮球明星乔丹。

连起来可记为：看过一本志怪类小说，书中记载：有种怪物拿镰刀当勺子，拿老虎当食物；还有一种小妖，耳朵里能藏宝葫芦，另一个耳朵能听千里之音。我把这些讲给偶像乔丹听，谁知道他居然不信。

10.2　记忆手机号码

手机号码的记忆难度比固定电话大，我们可以先掌握固定电话的记忆方法，等到轻车熟路之后，再练习记忆手机号码。这样做有两个好处：其一，有助于我们更好地熟悉记忆方法，如果一开始就挑战难度大的任务，很容易形成畏难情绪，不利于接下来的学习；其二，学习记忆技巧是一个循序渐进的过程，由浅入深、由简入繁比较符合大脑的认知规律。

其实，记忆手机号码的方法和记忆固定电话的方法大同小异。

比如，记忆以下 6 个手机号码：

13161021783

18310598252

18833256213

15713127653

15838028057

13466676435

第一步：将号码拆分为4组

13161021783 可拆分为 131 610 217 83

18310598252 可拆分为 183 105 982 52

18833256213 可拆分为 188 332 562 13

15713127653 可拆分为 157 131 276 53

15838028057 可拆分为 158 380 280 57

13466676435 可拆分为 134 666 764 35

也可拆分为三组，具体拆分情况如下：

13161021783 可拆分为 1316 1021 783

18310598252 可拆分为 1831 0598 252

18833256213 可拆分为 1883 3256 213

15713127653 可拆分为 1571 3127 653

15838028057 可拆分为 1583 8028 057

13466676435 可拆分为 1346 6676 435

此外，还有其他拆分办法，这里不再一一展示。

第二步：赋予每个数字组块意义

谐音法

13161021783 可记忆为 131（一闪一）610（柳腰艺）217（二姨起）83（爸散）

18310598252 可记忆为 183（一米八三）105（摇铃舞）982（酒吧儿）52（吾儿）

18833256213 可记忆为 188（要发发）332（三伞儿）562（物流儿）13（要散）

15713127653 可记忆为 157（要雾气）131（摇三摇）276（二七路）53（雾散）

15838028057 可记忆为 158（要五八）380（三八令）280（二爸岭）57（无奇）

13466676435 可记忆为 134（要三思）666（柳柳柳）764（七柳死）35（三无）

联想法

13161021783 可记忆为：有一个姑娘 31 岁（131），柳腰很细，屁股很圆（610），身材宛如 21 岁，有人想娶她为妻（217），谁知她爸爸不同意，只好散了（83）。

18310598252 可记忆为：一米八三的帅哥（183），在舞台上跳摇铃舞（105），酒吧的人很多，但看表演的只有两个（982），我还有二哥（52）。

18833256213 可记忆为：一对双胞胎（188），雨天一起走，伞和伞儿挨着（332），五六个娃儿走过来（562），要冲散（13）。

15713127653 可记忆为：一只老虎好孤单，没有妻子怎么办（157），摇三摇尾巴想啊想（131），两只眼睛水汪汪，齐流泪（276），老虎的心都散了（53）。

15838028057 可记忆为：正月十五吃王八（158），三个王八吃完啦（380），两个王八也吃完啦（280），我竟然吃了 7 个（57）。

13466676435 可记忆为：有个人总爱说三道四（134），猫生六胞胎都说了三遍（666），大家听得好烦好气，就是不好直接说（764），于是她又说了三五遍（35）。

编码法

下面运用数字桩编码法来记忆手机号码。

记忆 13161021783

131：13（石山）1（树）。可记忆为：石山上长了一棵树。

610：6（勺）1（树）0（鸡蛋）。可记忆为：厨师一边用勺子炒树菇，一边煮鸡蛋。

217：21（二姨）7（镰刀）。可记忆为：二姨拿着镰刀在割稻子。

83：8（葫芦）3（耳）。可记忆为：酒仙有个宝葫芦，可以藏在耳朵里。

连起来可记为：石山上长了一棵树，树下有个茅屋，一个厨师一边用勺子炒树菇，一边煮鸡蛋。山下二姨拿着镰刀在收稻谷，洞府里的酒仙正在摆弄自己的宝葫芦，一会儿藏在耳朵里，一会儿拿出来变大。

记忆 18310598252

183：18（石坝）3（耳）。可记忆为：有人在石坝旁咬耳朵。

105：10（台球）5（虎）。可记忆为：正在打台球，谁知球飞出去打中了一只老虎。

982：9（酒）8（葫芦）。可记忆为：酒要装在葫芦里才好喝。

52：5（虎）2（鸭）。可记忆为：老虎饿极了，抓了一只鸭子吃。

连起来可记为：有人在石坝旁咬耳朵，也不知道在说什么秘密，附近有人搭了台子打台球，不小心球飞出去打中一只老虎，大家吓破了胆。为了壮胆想喝酒，赶紧拿出装酒的葫芦，这时发现老虎并没有攻击人，而是抓了一只鸭子吃。

记忆 18833256213

188：18（石坝）8（葫芦）。可记忆为：石坝上捡了一个葫芦。

332：33（三山）2（鸭）。可记忆为：三山上常有野鸭子。

562：5（虎）6（勺）2（鸭）。可记忆为：老虎河像一个勺子，也常有野鸭子。

13：13（石山）。可记忆为：石头山。

连起来可记为：在石坝上捡了一个葫芦，旁边的三山上常有野鸭子出没，老虎河形状像勺子，也常有野鸭子，远处还有座石山，但一个人也没看见，也不知道是谁丢的。

记忆 15713127653

157：15（石虎）7（镰刀）。可记忆为：石虎像上有镰刀砍过的痕迹。

131：13（石山）1（树）。可记忆为：石山上长有树。

276：27（耳机）6（勺）。可记忆为：摘了耳机，拿勺子。

53：5（虎）3（耳）。可记忆为：老虎耳朵摸不得。

连起来可记为：石虎像上有镰刀砍过的痕迹，远处石山上长着树，游览到此处，摘了耳机拿起道具勺子拍照，但一定要谨记，这里的老虎耳朵摸不得。

记忆 15838028057

158：15（石虎）8（葫芦）。可记忆为：石虎背着一个宝葫芦。

380：3（耳）8（葫芦）0（鸡蛋）。可记忆为：戴着耳机，拿着葫芦，吃鸡蛋。

280：28（恶霸）0（鸡蛋）。可记忆为：恶霸也在吃鸡蛋。

57：5（虎）7（镰刀）。可记忆为：老虎锋利的牙齿和镰刀一样锋利。

连起来可记为：石虎背着一个宝葫芦，我戴着耳机，摸着葫芦，吃鸡蛋，旁边的恶霸居然也在吃鸡蛋。仔细看，老虎张着嘴，牙齿和镰刀一样锋利无比。

记忆 13466676435

134：13（石山）4（船）。可记忆为：石山上居然有一条船。

666：6（勺）6（勺）6（勺）。可记忆为：三把勺子。

764：7（镰刀）6（勺）4（船）。可记忆为：镰刀和勺子。

35：35（山虎）。可记忆为：山虎。

连起来可记为：石山上居然有一条船，船上三把勺子并排，还有一把镰刀和勺子放在一块，旁边蹲着一只山虎守护。

10.3 记忆电话区号

跨地区拨打固定电话时，号码前要加拨区号，你能说出几个地区的区号呢？大部分人只记得当地或周边三五个地区的区号，很少有人能不假思索地说出五个以上地区的区号。尽管现在使用手机的频率比固定电话要高，但记忆区号还是相当重要的。

大多数公司都装有固定电话，不少工作上的沟通都需要借助固定电话来实现，如果每次跨地区打电话，都要去百度查区号，那会浪费很多时间。

区号属于比较好记的数字串，直辖市是三位数，其他地区是四位数，而且有一定的规律性。区号的记忆难点在于要将数字串与地区一一对应起来，实际记忆时，容易出现记混、记错等情况，所以应该把记忆重点放在“一一对应”上。

直辖市区号记忆

中国有四个直辖市，分别是北京、上海、天津、重庆。这四个直辖市的区号相对简单，都是由3位数字组成的。

北京 010　上海 021　天津 022　重庆 023

我们可以通过理解、找规律的办法来记忆。

首先，四个直辖市的区号首位都是0；其次，上海、天津、重庆的第二个数字都是2；最后，上海、天津、重庆最后一位数字分别是123，按顺序递增。所以，我们可以按照这一规律来记忆。

北京 010，可记为北京是唯一的首都，除此之外，没有其他城市和北京同级别。首位0，唯一（1），没有其他城市（0）。

上海 021，可记为上海是二级直辖市中的第一名，经济最发达，市场最繁荣。首位 0，二级直辖市（2），第一名（1）。

天津 022，可记为天津是二级直辖市中的第二名，属于港口城市，货运物流发达。首位 0，二级直辖市（2），第二名（2）。

重庆 023，可记为重庆是二级直辖市中的第三名，火锅最出名。首位 0，二级直辖市（2），第三名（3）。

其他区号记忆

由于全国各地的区号较多，此处仅以河北省各地区的区号为例。

所需记忆的内容如下：

邯郸市 0310

石家庄 0311

保定市 0312

张家口市 0313

承德市 0314

唐山市 0315

廊坊市 0316

沧州市 0317

衡水市 0318

邢台市 0319

秦皇岛市 0335

仔细观察，很容易发现这些区号都是有规律的，河北省的所有区号都是 03 开头，除秦皇岛市 0335 以外，其他区号的第三位均为 1，且依次递增。我们可以结合图 10-1 来依次记忆不同地区的区号。

石家庄是河北省的省会，区号排在第一位，即 0311。保定市排在第二位（0312），接下来依次是张家口市（0313）、承德市（0314）、唐山市

图 10-1　河北行政区划图

(0315)、廊坊市（0316)、沧州市（0317)、衡水市（0318)、邢台市(0319)。最南边的邯郸市是0310，东北角的秦皇岛市是0335。

结合这张地图，我们很容易形成牢固的记忆。其他地区的区号，也可以采用相似的规律来记忆。

10.4 记忆电话分机

很多企业内部都有直拨分机号，这些号码使得内部沟通变得非常方便、顺畅。但同时，也给我们的记忆能力提出了不小的挑战。

现代工作讲究团队协作，无论从事什么岗位，每天都需要与其他部门、同事进行沟通，尤其是秘书、人事、公关等职位，更需要与多个部门打交道。因此，熟记单位的分机号码就显得非常重要，一来可以提高内部沟通的效率，二来可以有效锻炼我们的记忆能力。

一般而言，分机号码最多由四位数字组成。尽管数字串并不长，但分机号码要与人名、职位联系起来，因此记忆起来要比电话区号稍难一些。而且随着岗位调整、人员流动等，所需记忆的内容也会随之变化，这就要求我们必须随时关注人员、职位的变化，以免因信息问题造成沟通不畅，影响内部的沟通效率。

下面我们以一所学校为例来介绍分机号码的记忆技巧和方法。

所需记忆的内容如下：

校 长	张兴华	分机4511
副校长	吴 育	分机4513
教务科	安 明	分机4819
教材科	王淑梅	分机4401
科研科	杨晓月	分机4318
财务科	赵 亮	分机3503
校医院	方 洁	分机5110
后勤科	丁 川	分机3114
招生办	周世飞	分机5028

就业办　沈　景　分机 5996

图书馆　朱丹青　分机 4278

我们可以采用联想、编故事的方法来记忆。

校　长　张兴华　分机 4511

可记忆为：校长志在兴建中华，虽然已经 45 岁，依旧勇争第一，还必须是双第一。

副校长　吴　育　分机 4513

可记忆为：副校长的名字好奇怪，吴育谐音无语，和校长一样 45 岁，却满脸愁容，难道是对他 13 岁的儿子很无语？

教务科　安　明　分机 4819

可记忆为：教学上不管遇到什么杂事都不必着急，打 4819（死吧要救），立即安心又明朗。

教材科　王淑梅　分机 4401

可记忆为：教材哪里找？两面旗子（44）+01，当然找淑梅（书妹）啊！

科研科　杨晓月　分机 4318

可记忆为：科研好高深，就好比杨树树梢上挂着的月亮，这样的夜晚，突然来了一个吸血鬼，四散（43）咬人吧（18）。

财务科　赵　亮　分机 3503

可记忆为：在灯光照亮（赵亮）的地方，有人在数钱，一数数了 3503 张。

校医院　方　洁　分机 5110

可记忆为：方方正正的医院病房里，有一股清洁的消毒水味，一位医生突然无意摇铃（5110）。

后勤科　丁　川　分机 3114

可记忆为：丁川名字仅五画，但是力气大，三人不敌他一个，一个能顶四个，后勤有事就找他。

招生办　周世飞　分机 5028

可记忆为：学校是一棵梧桐树，周边的学子、世界上的学子好像凤凰一样飞来，他们飞过武陵（50），一会排成“2”字形，一会排成“8”字形。

就业办　沈　景　分机 5996

可记忆为：每个即将毕业的学生都在深深憧憬就业后的生活，因为学校无酒（59）且不能久留（96）。

图书馆　朱丹青　分机 4278

可记忆为：图书馆是书的海洋，这里有朱元璋的丹青笔墨，人虽死而（42）不复生，可精气（7）神还留在文章里吧（8）？

不同单位的分机号码差别较大，位数也不同，有四位数、三位数，也有两位数，且规律各不相同。因此，我们要掌握数字串的记忆技巧和方法，比如常用的数字桩、联想法、编故事法、谐音法等。所谓万变不离其宗，只要我们掌握了记忆数字串的方法，不管什么样的分机号，都能轻松记到脑子里。

需要注意的是，公司内部经常有轮岗、人员升迁、离职、新员工入职等情况，此时联系人和分机号码会随之发生变动。我们要随时关注公司人事方面的通知，当发现变动时，要及时更新记忆。在这个过程中，尤其要注意不要记混、记错等，可针对有变动的信息进行反复记忆，强化大脑的印象，以覆盖先前形成的牢固记忆。

10.5　记忆其他数字

你有没有因为忘记密码而抓耳挠腮？你有没有因为忘记亲人或好友的生日而尴尬？

生活中，我们每天都要和很多数字串打交道，银行卡账号和密码、微信账号和密码、身份证号码、小区门牌号码、股票代码……毫不夸张地说，我们生活在一个“数字王国”。记忆好不一定让你成功，但记忆力不好，一定会让你在处理与数字有关的事务时四处碰壁。

数字在日常工作和生活中扮演着重要角色，除了上边提到的固定电话、手机号码、区号、分机号以外，还有不少需要记忆数字的地方。遗憾的是，在实际生活中，大多数人对记忆数字感到棘手，忘记密码、记错价格等情况时有发生。

人们之所以觉得数字串难记，与数字本身的属性有一定关系。与单个字母一样，数字本身是没有任何实际意义的，它不像文字一样，可以呈现、转化为具体、形象的信息，再加上数字比较枯燥，0 到 9 能变换出各种不同的组合，因此大脑在记忆数字时要比文字、图画更费劲。

尽管数字串难记，但只要我们找到要领，掌握数字记忆的技巧和方法，就能轻松破解。

数字桩法

数字桩是一种非常实用、高效的记忆方法，尤其适用于记忆数字串，无论银行卡账号、密码还是历史年代，都可以用它来协助记忆。相关原理，参见第 5 章的介绍。

具体运用时，首先要编码，然后反复记忆，直到烂熟于心。与之前介绍的数字桩稍有不同，接下来我们将使用两位数编码，例如数字 7，我们记为 07。

下面提供一套数字编码，供大家使用或参考。

01（树木）02（鸭子）03（耳朵）04（船只）05（老虎）

06（勺子）07（镰刀）08（葫芦）09（灵酒）10（台球）

11（光棍）12（食饵）13（石山）14（市肆）15（石虎）

16（石榴）17（石器）18（石坝）19（狮鹫）20（耳饰）

21（二姨）22（鸳鸯）23（乔丹）24（表）25（二虎）

26（双勺）27（耳机）28（恶霸）29（二舅）30（三石）

31（三姨）32（扇儿）33（三山）34（绅士）35（山虎）

36（山鹿）37（山鸡）38（沙发）39（三舅）40（司令）

41（睡衣）42（柿儿）43（死山）44（狮子）45（师傅）

46（水流）47（司机）48（石板）49（死狗）50（武林）

51（舞衣）52（舞儿）53（火山）54（巫师）55（火车）

56（蜗牛）57（武器）58（尾巴）59（五角）60（榴莲）

61（儿童）62（驴儿）63（硫酸）64（律师）65（陆虎）

66（绿豆）67（楼梯）68（喇叭）69（漏斗）70（麒麟）

71（蜥蜴）72（企鹅）73（青山）74（骑士）75（起雾）

76（气流）77（七夕）78（青蛙）79（气球）80（巴黎）

81（白衣）82（靶儿）83（花生）84（巴士）85（白狐）

86（八路）87（白旗）88（爸爸）89（芭蕉）90（精灵）

91（球衣）92（球儿）93（救生圈）94（教室）95（酒壶）

96（酒楼）97（香港）98（酒吧）99（舅舅）00（鸡蛋）

数字桩尤其适合记忆位数不是很多的数字串，比如历史年代。一般来讲，历史年代的数字串比较短，只记忆年份即可，最多只有 4 位数，且年份是唯一的，不存在数字串完全重复的情况。下面我们通过实例来说明。

数字串记忆实例

所需记忆的内容如下：

郑和下西洋的时间是公元 1405 年

针对这一项内容，可将 1405 断为 14 和 05 两段，即“市肆、老虎”。在此基础上，可联想为：郑和下西洋后，在市肆上竟然看到了老虎，即 1405 年。

注意事项

运用数字桩法有个前提，既熟记 100 个数字编码，这就跟学习五笔输入法一样，必须牢记所有的字根，否则在使用中很容易出现卡壳现象，造成记忆效率低下，还不如直接记忆。

刚开始学习和使用数字桩法时，可能会觉得既烦琐又凌乱，似乎看不出明显的效果。这个时候，千万不要急功近利，更不要放弃，因为这种方法必须在足够熟练之后才能发挥优势。

数字桩一般只编到 100，太多的话，记忆编码本身就很困难，而且容易出现记错、记混等情况。因此，在记忆数字串时，需要对所需记忆的数字串进行拆分和分组。

拆分原则是 2 个数字一组，当数字串的位数是单数时，可在前面加上 0，比如 287 可转化为 0287，进而拆分成 02 和 87 两组。如果是带小数点的数字串，则小数点之前和之后分别拆分，比如 3. 1415，可转化为 03. 1415，进而拆分成 03、14 和 15 三组。经过这样的处理，还原时就不容易出错。

如果所需记忆的数字串较长，则可以通过化整为零的方法，先将数字串拆分为几个部分，再分别进行解码记忆。在记忆 11 位的手机号码时，就可以采用这种方法，其他较长的字符串也可以同法处理。

第 11 章

记忆英文单词

当今社会，英语已成为很多人绕不开的必学科目：从小学开始，一直到高中，都要考英语，上大学要考四六级，想出国要考托福、GRE……另一方面，随着国际间交往越来越频繁，我们日常生活和工作中经常需要使用英语，出国旅游、海外代购、看美剧等都需要懂点英语。

毫不夸张地说，英语已经渗透到人们生活的方方面面。尽管我们从小学或初中就开始学习英语，算起来很多人学习英语的年限都不短，但却很少有人能把英语学到精通。其中，一个重要的原因就是词汇量不够，而增加词汇量没有捷径可走，唯有记忆。

熟记单词是学习英语的第一道坎，只有词汇量上来了，才能流畅地听、读、写。可说到背单词，很多人都非常头疼。那么，有没有轻松记忆单词的方法呢？答案是肯定的。

在这里，我们不讨论毅力、恒心等情商因素，只讨论技术层面的因素。

记忆单词是一项繁杂的工程，掌握一定的技巧和方法，能够提高我们背单词的效率。在同等条件下，掌握正确方法的人比盲目记忆的人，能够多记住30%甚至更多的单词。

11.1 有意记忆法

记忆英语单词并不容易，因为语言文字是约定俗成的，没什么道理可讲，比如egg表示鸡蛋，而geg和gge却没有任何意义。对此，除了死记硬背，似乎别无他法。

英语单词的这一特性，决定了我们必须花时间和精力去记忆，才能获得良好的效果。而且记忆时，要带着目的去做。有意记忆法是所有记忆法的基础，如果没有明确的目标和任务，只是随便听、随便看，那么即使天天看书、听录音，效果也不好。

第一步：制定记忆目标

古人说："凡事预则立，不预则废。"记忆英语单词也如此，制定一个清晰、明确的目标非常重要，合理的学习计划可以增强我们的记忆动机，强化大脑对英语信息的记忆容量。

在记忆单词时，对大脑皮层的刺激有助于增加脑细胞的突触连接数目，记忆就是以大批脑细胞产生的突触连接而形成的。制定明确的目标可以使大脑处于受刺激的兴奋状态，为记忆的保持和回忆创造必要的条件，从而提高单词的记忆效率。

制定记忆的任务和目标时，一定要详细。实践证明，目标越笼统，效果越差，越容易产生拖延、不执行的情况。此外，要限定记忆的时间，可利用心理学上的最后通牒效应来逼迫自己完成单词的记忆任务。

第二步：坚决执行记忆任务

有些人常常做计划，却缺乏执行力，精心制订的计划总是完不成。记忆英语单词是一项艰巨的任务，如果凡事给自己留余地，每次用玩游戏、追剧来逃避，那么高效记忆就是一句空话。

英语单词是一块难啃的骨头，记忆过程很枯燥，这就要求我们必须具有坚韧的意志力，能够抛开手机、电脑、娱乐，真正静下心来投入其中。

执行力直接影响记忆效果，执行力越强的人，记忆单词的效果越好。惰性谁都有，关键在于如何去克服，我们可以给自己制定规则，比如早晨 7 点半到 8 点，用 30 分钟记住 20 个单词，如不能完成任务，则什么时候完成什么时候才能做其他事情。

第三步：具体实践+及时复习

很多人都有这样的体会，过了一个假期，原本烂熟于心的单词竟然都忘了，尤其是新近记忆的单词，如果有一段时间不复习，很快就会遗忘，重新记忆无异于新单词。由此可见，要想把单词记牢，保持持久的记忆力，就必须及时复习。

此外，积极参加实践活动是抗拒大脑遗忘的最佳工具。我们可以结交几个外国朋友，经常用英语相互交谈，以此来强化我们对单词的记忆；也可以通过微信、微博等网络社交平台来练习英语，与他人互动交流；还可以做一些翻译工作，比如给喜欢的美剧翻译字幕，将自己欣赏的诗词或文学作品翻译成英文等。

总之，要尽可能地利用各种途径来学习和记忆，例如玩单词接龙游戏、观看英语节目、国外自由行等。随着实践活动的增多，你的词汇量和口语水平会大幅提升。

注意事项

要想提高单词记忆效率，还要注意科学用脑。实验证明，早上 8—10 点和晚上 8—10 点是记忆单词的最佳时间，记忆效果比其他时间更好。所以，我们应该把单词记忆任务安排在这两个黄金时段来进行，同时让大脑保持精力充沛的状态，这样记忆效率自然比较高。

11.2 拼读记忆法

所谓拼读记忆法，是指看到一个单词，即可根据英文字母在单词中的发音规律将其读出来的一种记忆方法。著名英语培训机构新东方十分推崇这种记忆方法。

从专业角度来讲，用熟识的单词首字母的发音拼读成一个新的单词，在这个过程中，大脑可通过近似字母发音辨别练习来加强对字母发音的记忆。新东方创始人俞敏洪认为：掌握自然拼读法，有助于培养正确的英语语感，对英语学习非常有好处。

传统英语教学主要通过音标来学习单词，这种方法有其可取之处，但也存在不足。学习英语的人，随着词汇量的增加，对英语会失去最初的好奇和兴趣。在这种情况下，记忆单词变得困难和枯燥，记忆效率也随之降低。

与之相对，自然拼读法并不需要借助音标。这种方法始于英、美等国家的小学，这些国家以英语为母语。自然拼读法在英语教学中的运用，可以使我们轻松愉快地了解音和形的关系。

实例一

英语单词的记忆主要分三个部分：读音记忆、拼写记忆和中文意思记忆。换句话说，我们要同时对音、形、意三个方面进行记忆，不光要掌握单词的读法，还要会拼写，并且能说出单词的含义。这种三位一体的记忆体系恰恰是英语单词记忆的难点。

在记忆单词时，我们首先要明白英语是拼音文字，例如 is、this、it、fit、sit、little 中的 i 都读作/i/，book、look、shoot、classroom 中的 oo 都读作/u/，而 room、food、zoo 中的 oo 都读作/u：/。我们可以通过归纳、总结字母、字母组合的发音规则，掌握这种对应关系，无须死记硬背，就可以做到见词能读、听音会写。

节奏明快、押韵和谐的咏唱是一种大家喜闻乐见的文艺形式，很容易被大脑记住，因此我们不妨将拼读规则、字母、单词等以歌词的形式加以归纳梳理，以便学习和记忆。

例如，一个 rat，非常 fat，偷吃了 salt，变成了 bat，气坏了 cat，咬破了 hat，变成了 mat。类似这样的歌词，拥有具体鲜活的形象和童话故事般的色彩，能够激发大脑的学习和记忆兴趣，有助于我们强化单词的学习动力。

咏唱的内容非常多，我们也可以自己编写，下面是针对 may、day、pay、gay、ray、play、stay、way 这组押韵、形似的单词编写的歌词：

五月 may，有一天 day，领了工资 pay，心情高兴 gay，眼中放光 ray，跑到海边玩 play，长时间停留 stay，忘了回家 way。

这种编写歌词的记忆方法，和中文里的顺口溜有异曲同工之妙，尤其适用于记忆读音、字形相似的单词。

实例二

掌握拼读记忆法的前提是，必须熟练掌握 26 个英语单词的读音，只有这样，才能根据读音轻松写出单词。

A B C D E F G

H I J K L M N

O P Q

R S T

U V W

X Y Z

Now you see

I can say my A B C

这首字母歌，相信每个学过英语的人都很熟悉，我们通过它来熟记各字母的读音。不过，仅仅熟悉字母的读音是远远不够的，还要掌握不同字母组合的读音规律。

下面我们列举两个普遍规律供大家参考。

单元音短促

英语中有五个单元音，分别是 a、e、i、o、u，它们的发音规律是短促。

a

a fat cat man hat

一只肥胖的小猫钻进了一个男人的帽子里面。

black bat catch bag

一只黑色的蝙蝠抓住了那个包。

e

wet pet red net

一只潮湿的宠物钻进了一个红色的网兜。

left best vest less

左边最好的那种背心量比较少。

i

Miss Li sit in pit

李小姐不小心坐到了坑里面。

dish dip bit fish

盘子里浸泡了少量的鱼。

o

dog frog on log

狗和青蛙坐到了原木上面。

boss lock dog cock

老板锁住了狗和公鸡。

u

dusty duck run mud

一只沾满灰尘的鸭子在泥巴路上跑。

bus bump sun club

公共汽车撞到了阳光俱乐部。

双元音漫长

ar

barber scarf bar charm garden

理发师戴着围巾走出酒吧，看到了迷人的花园。

er

term her teacher tender temper

这个学期，她的老师有着温柔的好脾气。

or

morning porter shorts sport

早晨，搬运工穿着短裤做运动。

oo

school bloom boon

学校繁荣兴旺。

air

stair pair armchair

楼梯旁有一对扶手椅。

ear

clear hear rear

清楚听见后面。

oi

noisy coin voice

嘈杂的硬币声音。

ow

brown shower towel

棕色的沐浴毛巾。

不同字母组合的读音规律还有很多，这里不再赘述。我们可以在学习中不断总结、归纳，以便更好地使用拼读记忆法。

11.3　构词记忆法

在英语单词中，有的名词可用作动词，有些形容词可用作副词或动词，这种把一种词性用作另一种词性而词形不变的方法叫构词法。

构词法在英语中是一种比较普遍的现象，因此也可以作为我们记忆单词的规律来总结学习，用以提高单词的记忆效率。比较常用的构词法有转化法、派生法、合成法、混合法、截短法和首尾字母结合法等六种。

转化法

所谓转化法，是指把一种词性用作另一种词性时，词形完全不变。一般来说，有的名词可以作动词，有的形容词可以作副词或动词。

下面是动词转化为名词的例子：

We'd better finish the talk now.

翻译：我们最好现在就结束谈话。

在这里，talk 一词是动词，意为说话、讲话，但在此句中则为名词，意为谈话。字形完全没有变化，意思也基本相同。与其他单词构成短语，也是动词转化为名词的一种常见形式，比如 look 是动词，意为看，但在短语 have a look 中，look 变成了名词。

也有名词转化为动词的。例如，hand 为名词，意为手，但在下列句子中则用作动词：

Hand in your papers please.

翻译：请把你们的试卷交上来。

此句中，hand 的意思稍有变化，意为上交。

再比如：

We breakfasted together.

翻译：我们在一起吃早餐。

breakfast 是名词，意为早餐，但在此句中，变成动词，意为吃早餐。

下面是形容词转化为动词的例子：

We will try our best to better our living conditions.

我们将尽力改善我们的生活状况。

better 本是形容词，有较好、更合适的意思，但在此句中用作动词，表示改善之意。

除此之外，少数副词可以转化为动词，比如：

Murder will out.

恶事终将败露。

其中，out 本是副词，这里用作动词。

形容词也可以转化为名词，比如 old、young、poor、rich 等形容词与 the 连用，可以表示一类人，直接用作主语。

派生法

派生法，即在词根前加前缀或在词根后加后缀，从而构成一个与原单词意义相近或截然相反的新单词的方法。

前缀

大部分前缀都会改变单词的意义，但不改变其词性。比如，我们常见的 dis-、il-、im-、in-、ir-、mis-、non-、un-等前缀，与词根构成的新单词都是与原词根意思相反的单词。

agree 同意 → disagree 不同意

fair 公平的 → unfair 不公平的

possible 可能的 → impossible 不可能的

understand 理解 → misunderstand 误解

除此之外，还有少数前缀表示其他意义，比如 anti-（反对、抵抗），auto-（自动），co-（共同），en-（使），inter-（互相），re-（再、又），sub-（次、下面的），tele-（强调距离）等。

enlarge	使变大
internet	互联网
cooperate	合　作
rewrite	重　写
subway	地　铁

后缀

与前缀不同，后缀一般会改变单词的词性，但基本不改变其意义。只有极少数后缀会改变词义，变为与原来词义相反的新单词。

常用的名词后缀：-（e）r/or（从事某事的人），-ese（某地人），-ist（专业人员），-ess（雌性），-ment（性质、状态），-tion（动作、过程）。例如，China（中国）→Chinese（中国人）。

常用的动词后缀：-fy（使……化），-（e）n（多用于形容词之后），

-ize（使……成为）。例如，organ（器官）→organize（组织）。

常用的形容词后缀：-able（有能力的），-en（多用于表示材料的名词后），-ern（方向的），-ese（某国人的），-less（表示否定），-like（像……的）。

常用的副词后缀：-ly（主要用于形容词之后，表示方式或程度），-ward（s）（主要用于方位词之后，表示方向）。例如，angry（生气的）→angrily（生气地）。

常用的数词后缀：-teen（十几），-ty（几十），-th（构成序数词）。例如，four（四）→forty（四十）→fortieth（第四十）。

合成法

合成法，顾名思义，就是将两个单词组合在一起形成一个新单词的方法。例如，week（星期、周）和 end（结束）两个单词可以组成 weekend（周末）一词。这意味着，只要我们记住 week 和 end，并掌握了英语构词法中的合成法，就可以毫不费力地记住 weekend。

通过合成法组成的新单词很多，以下是示例：

（1）名词，比如 hand（手）+writing（书写）= handwriting（书法），type（按、压）+writer（写字者、书写者）= typewriter（打字机）。

（2）形容词，比如 blood（血）+red（红色）= bloodred（血红的），man（男人）+made（制造）= man-made（人造的）。

（3）动词，比如 white（白色）+wash（洗）= white-wash（粉刷），sleep（睡觉）+walk（行走）= sleep-walk（梦游）。

（4）副词，比如 every（每、所有）+where（哪）= everywhere（到处）。

（5）代词，比如 her（她的）+self（自己）= herself（她自己）。

（6）介词，比如 out（外部）+side（一边）= outside（在……外面）等。

其他构词法

除了上述构词法外，还有混合法、截短法、首字母结合法。以下我们分别对这三种构词法进行详细说明。

混合法就是将两个词混合或各取一部分组成一个新单词的方法。一般来讲，新单词的前半部分表属性，后半部分表主体。比如，news 和 broadcast 混合而成的新单词 newscast（新闻广播）、smoke 和 fog 混合而成的新单词 smog（烟雾）等。

截短法，顾名思义，就是对单词进行缩写的一种构词法。一般词义和词性保持不变。由于缩写部分不同，截短法又分为三种：截头，比如 telephone→phone；去尾，比如 taxicab→taxi、examination→exam；截头去尾，比如，prescription→script、influenza→flu 等。

首字母结合法，即用单词首尾字母组成一个新词的构词法。说得通俗一点，就是我们平时常用的简称，比如 GRE（美国研究生入学考试）就是由 Graduate Record Examination 的首字母缩写而成的新单词，USA（美利坚合众国）是 United States of America 的首字母缩写。

掌握构词法，能够极大地提升我们记忆单词的效率，但这种方法需要有一定的英语基础，并不适合初学者。此外，英语单词中符合构词法规律的单词数量庞大，限于篇幅，这里不再一一赘述。大家在学习时，要注意观察规律，总结经验，这样才能用好构词法。

11.4　分类记忆法

大脑的记忆功能很强大，但记忆单位却十分有限，美国心理学家米勒提出了著名的 7±2 记忆法则，即短时记忆的大脑容量为 7±2。举个例子，让我们一下记住三五个单词很容易，但要想一口气记住二三十个单词则很难。

这就要求我们，在记忆大量的英语单词时，必须运用分类记忆法对记忆对象进行合理的梳理和分类。

所谓分类记忆法，就是将单词按照读音、字母、词性、结构、话题等排列并进行成批学习的技巧和方法。通过对单词进行分类，可以让原本没有规律、散乱的单词，形成科学的词汇体系，使之更容易记忆。

举个例子，假设我们要记忆20个单词，可以先将其平均分成四组，再进行分组记忆，这样做显然比按照次序直接记忆更容易。采用分组办法，我们可以花更少的时间，记忆更多的单词。

单词的分类记忆法是分组记忆法的延伸和拓展。比如，记忆以下一组单词：

secretary、tea、wife、happy、toothbrush、into、umbrella、bread、winner、within、captain、sad、scientist、outside、candle

可按照数量，将其分为五组，每组三个单词，具体分组办法如下：

第一组：secretary、tea、wife

第二组：happy、toothbrush、into

第三组：umbrella、bread、winner

第四组：within、captain、sad

第五组：scientist、outside、candle

也可按照类别，将其分为五组，具体分组办法如下：

第一组（人）：secretary、wife、winner、captain、scientist

第二组（物）：toothbrush、umbrella、candle

第三组（可食用）：tea、bread

第四组（情绪）：happy、sad

第五组（介词）：into、within、outside

两种分组方法相比较，按照单词规律进行分类的方法，记忆起来更清晰、更有条理。

单词的分类记忆法在英语学习中的应用非常广泛，比如学校英语课本后面的单词表以及《牛津英语字典》，都是按照首字母的顺序进行编排的，这其实也是一种分类。

以下是一些常见的单词分类法。

首字母分类法

所谓首字母分类法，就是按照首字母和字母顺序来进行分类排列的方法。

A

abort

above

accept

accost

acre

advanced

agree

alarmist

alike

angry

aplomb

…

B

bay

believer

best

biathlon

bike

biff

blood

boy

book

brand

buggy

…

C

cater

chair

chance

chill

civil law

clam

class

collect

…

如果单词数量过多，可再次进行分组。例如，以 A 为首字母的单词 abort、above、accept、accost、acre、advanced、agree、alarmist、alike、angry、aplomb 共计 11 个。一口气记完这些单词很难，我们可以再将其拆分为 2 组或 3 组。这样记忆起来，就会容易得多。

意义分类法

不同的单词有不同的词性和意义，我们可以根据其含义进行分类，如表 11-1 所示。

表 11-1 意义分类法示例

单词	释义
家人、亲人称呼	
dad	爸爸、父亲
son	儿子
mother	母亲
daughter	女儿
grandpa	爷爷、姥爷
grandma	奶奶、姥姥
sister	姐妹
uncle	叔、伯、舅、姑父、姨父
aunt	姨母、伯母、婶母
电器	
lamp	灯
radio	收音机
phone	电话
camera	照相机
computer	电脑、计算机
电器	
TV	电视
fridge	冰箱
machine	机器
screen	屏幕、银幕

如表 11-1 所示，我们根据记忆对象的内容和含义，将其分成不同的类别，然后通过表格的形式呈现出来，这样一来，记忆单词就变得清清楚楚了。

读音分类法

不少单词的读音有相似的地方，我们可以将读音相似的单词归入一个类别进行记忆。在英语中，一般读音相似的单词，形也相似，我们可以利用这一特征来分类。

以下列一组单词为例：

dad、bad、sad、cat、fat、rat

plate、gate、late、wake、lake、snake

net、get、wet、pest、rest、best

pig、big、dig、tip、lip、zip

以上四组单词的字形、读音都很相似，我们可以通过编顺口溜的方式来记忆。

dad、bad、sad、cat、fat、rat

我家 dad，脾气 bad，非常 sad，养只 cat，长得 fat，只吃 rat。

plate、gate、late、wake、lake、snake

放下 plate，赶到 gate，还是 late，清晨 wake，来到 lake，遇上 snake。

net、get、wet、pest、rest、best

扔下 net，鱼没 get，衣服 wet，为捉 pest，没有 rest，结果 best。

pig、big、dig、tip、lip、zip

一只 pig，非常 big，把洞 dig，没给 tip，把我 lip，装上 zip。

注意事项

使用单词分类记忆法，重点在于分类，分类清晰，记忆起来逻辑严密，就不容易忘记。从本质上讲，这种方法是通过人为地增加单词与单词之间的联系来强化记忆、避免遗忘的。单词与单词之间的联系越紧密，记忆效果就越好。

此外，需要注意的是，字母的分类方法非常多，不必拘泥于某一种方法。具体用哪一种分类方法，一方面要综合考虑单词的整体情况，另一方面要结合自己的记忆优势和兴趣点。只有两者结合，才能找到最适合自己的单词分类记忆法。

11.5　其他记忆法

记忆英语单词是一项繁重的任务，记忆量十分庞大，如果没有科学合理的方法，记忆效率会非常低下。这将打击我们学习英语的积极性，挫伤我们的自信心。

因此，要想学好英语单词，就必须重视记忆方法。正确的记忆方法是我们学习和记忆英语单词的强大助手。前面我们已经介绍了有意记忆法、拼读记忆法、构词记忆法和分类记忆法。除此之外，还有不少其他的记忆方法。

语法记忆法

英语语法是针对英语语言系统归纳总结出的一系列语言规则。这些规则是我们掌握英语的不二法门。英国语言学家威尔金斯曾经说过："没有语法就不能表达很多东西，没有单词就不能表达任何东西。"

在语言的三大要素中，词汇维系着语音和语法，是语言的建筑基石，词汇对英语初学者的重要性不言而喻，而省时、高效记忆单词的方法就更加重要了。

英语语法能够帮助我们记忆单词，举个例子，如果我们知道人称代词分为主格人称和宾格人称，就很容易记住 I 和 me 都是指“我”，my 和 mine 都是指“我的”。再比如，只要我们了解单复数的变化，就知道 teeth 和 tooth 都指“牙齿”，只是单复数的变化而已。

由此可见，语法在英语学习中非常重要。因此，尽管语法枯燥乏味，对很多人来讲比较吃力，但学好它是提高我们的单词记忆力的重要法宝。

比较记忆法

所谓比较记忆法，顾名思义，就是对具有某一共同特征的单词进行比较，找出它们的异同点，从而强化单词记忆的一种方法。这种记忆法通过鲜明的对比，强化单词信息对大脑的刺激，从而使记忆变得容易。

从比较方式上分，比较记忆又可分为以下五种：

（1）对应比较，如 teacher 和 student，woman 和 man。

（2）反义比较，如 often 和 seldom，agree 和 disagree。

（3）同义比较，如 job 和 work。

（4）近义比较，如 glare at 和 stare at。

（5）音形比较，如 sing 和 singer，son 和 sun。

比较记忆法的适用范围比较窄，只有部分单词可采用这种方法，毕竟并不是所有单词都能找到共同点。不过，单词中音形相似的不少，同义词也有很多，比如 study 和 learn、high 和 ta11、beautifu1 和 pretty 等。实际记忆中，我们应重点掌握音形比较法、同义比较法和反义比较法，这也是使用频率较高的比较记忆法。

检索记忆法

美国著名记忆学家杰罗姆曾经说过：“人类记忆的首要问题不是储存，

而是检索。”

很多人在记忆英语单词的过程中，都有这样的体会：明明背了很多单词，而且背得很熟，可一到用的时候，就会卡壳，看起来滚瓜烂熟的单词，就是想不起它的意思，其实这是检索出现了问题。

所谓检索记忆法，顾名思义，就是对零散、杂乱无章的信息进行系统化编排，从而将记忆信息与大脑中已有的知识结构联系在一起的记忆方法。这种方法的好处在于，一旦记住就不容易遗忘，而且由于新单词与我们已有的知识紧密连在一起，需要用的时候，很容易检索到，不会出现提笔忘字的情况。

每个人的知识体系不同，我们可以根据自己的情况来设计检索记忆。比如喜欢某部剧，可将单词“嫁接”到这部剧上，给自己喜欢的剧中人物赋上特定的单词进行联想，这样一来，只要一想起剧中人物，我们就能立刻检索到新记忆的单词。

其实，这里介绍的检索记忆法，也就是前面讲到的定桩记忆法，具体参阅第 5 章。

第 12 章

记忆人名和相貌

对于大脑来说，记忆不同人的相貌和名字是一种与生俱来的能力，除了极少数脸盲症患者外，几乎每个人都能在人群中轻易地辨认出谁是自己的同学、同事、朋友，他们叫什么名字，有什么兴趣和爱好。

尽管每个人都能记住熟人的相貌和名字，但在记忆陌生人的名字和相貌时，记忆能力却大相径庭。有些人只要一次，就能准确叫出对方的名字，而有些人则比较迟钝，明明见过几次面，对方和自己打招呼时却完全想不起对方是谁。

对于后者而言，身处这样一个社交型社会，无疑会遇到很多尴尬。

“入职第一天，上司带我认了一圈人，可到最后只记住了几个。结果第二天上班，在公司附近遇到××经理，我竟然没认出来，以为是一个陌生路人，连招呼都没打。××经理会不会认为我很没礼貌啊？好担心。”

“最近参加展会，短时间内见了好多陌生人，不少都是潜在客户。可打过招呼的人，过两天再见没认出来，实在好尴尬啊！”

“趁着暑假找了一份课外培训班老师的工作，班里一共有 20 多个学生，这都好几天过去了，学生还没认全，名字和人完全对不上号，真是好着急。”

……

相信不少人都曾有过类似的烦恼，社交活动尤其讲究礼仪，如果见了面连对方的名字都叫不出来，甚至连对方是谁也想不起来，这绝对是最大的失礼。人脉就是财脉，不管是为了积攒人脉还是为了与人交好，快速记住他人的名字和相貌都非常重要，这是对人最起码的尊重。

那么，如何快速、准确地记住陌生人的名字和相貌呢？

12.1　观察记忆法

著名人际关系大师戴尔·卡耐基曾经说过：“一种既简单又最重要的获取好感的方法，就是牢记别人的姓名。”

记住别人的姓名是一种礼貌，也是一种感情投资，在人际交往中往往会收到意想不到的效果。但很多人却经常遇到姓名和样貌张冠李戴的情况，或者名字到了嘴边却说不出来的窘状。

研究发现，大脑更容易记住细节丰富、具体的信息，模糊、笼统的信息则更容易被遗忘。

所谓观察记忆法，就是仔细观察陌生人的相貌、五官、身材、气质、穿着等，以此协助大脑进行记忆的一种方法。一般来说，观察越仔细，记忆的细节就越丰富，大脑越不容易忘记。

世界上没有两片完全相同的树叶，也没有两个长得完全一样的人，即便是双胞胎，只要仔细观察也会发现差异。那么，我们如何通过观察发现这些差异呢？

观察头型和发型

由于视线的关系，我们初见一个陌生人，首先映入眼帘的往往是对方的头部，这也是大脑记忆的重点部分。

每个人的头型是有差异的，有的人头大，有的人头小；有的人头骨粗壮，有的人头骨纤细。从形状上看，有些人头很圆，有些人下巴尖……要多角度观察他人的头部，顶部扁平、后部圆匀、前额突出……各种情况不一而足。这些头型上的特征可以作为我们的记忆点。

此外，头发也能帮助大脑识人。从头发本身来看，有些人头发乌黑浓密，有些人头发稀疏发黄甚至秃顶，发际线的形状和位置也不尽相同。发型也是一个核心记忆点，长发还是短发，卷发还是直发，黑发还是染了其他颜色，平头还是分头，韩式梨花卷还是风情大波浪，等等。

仔细观察对方的头型和发型，可以帮助大脑进行记忆。

观察五官

大脑识人主要靠五官，虽然每个人都是两个眉毛、两个眼睛、一个鼻子、一个嘴巴，但由此组合出数不清的迥异脸孔。仔细观察五官，有助于我们记住对方的相貌。

眉毛是上挑还是八字形，是浓眉还是浅眉；眼睛是大还是小，双眼皮还是单眼皮，睫毛是浓密还是稀疏，眼神是明亮还是暗淡；鼻子是蒜头鼻还是鹰钩鼻，大鼻孔还是小鼻孔，鼻梁是高还是低；嘴巴是大还是小，嘴唇是厚还是薄，颜色是红润还是苍白；下巴是长还是短，形状是圆还是尖，等等。这些五官上的细节，都应仔细观察。

不仅要仔细观察五官，还要有整体的视角。五官是漂亮还是普通，是帅气还是戾气，是刻薄还是蛮横，是和善还是喜感。对五官形成整体认知，记忆人脸时信息就不会过于琐碎，更容易形成深刻的印象。

观察整体

每个人的穿着、气质、体型、肤色不尽相同，我们不仅要善于观察细节，还要从整体上把握。

首先，看穿着打扮和气质。有些人穿着时髦，气质优雅，哪怕在拥挤的人群中也能一眼认出，而有些人穿着朴素，为人低调，钻进人群中如同泥牛入海，难寻踪迹；有些人穿着很年轻，与实际年龄明显不符，而有些人年纪轻轻，却穿得很老成。

其次，体型也是一个重要的记忆点。有些人肥胖，有些人纤瘦；有些人高大壮硕，有些人弱不禁风。尤其是在相距较远时，身材和体型更是我们识人的重要参考，毕竟离得那么远，五官是看不见或看不清楚的。

此外，还要注意观察肤色。有些人白净，有些人黝黑；有些人脸色发黄，有些人脸色苍白。对于肤色很白或很黑的人，我们的记忆会非常深刻。

这些都是整体记忆时需要注意的地方。

12.2 综合记忆法

与抽象的数字、定理相比，人的面孔和名字更容易记忆。这是因为，面孔和名字属于图像记忆，而数字、定理属于抽象记忆。尽管如此，在社交活动中，由于需要记忆的面孔和名字太多，我们还是会经常遇到名字和面孔对不上号等窘境。

对此，综合记忆法是一种不错的选择。所谓综合记忆法，是指通过多方位的信息和方法进行记忆。它的适用范围广，专业性不强，学习和使用起来难度不大。

一般来说，我们可以从以下几个方面入手。

自信很重要

在结识陌生人时，一定要自信，相信自己可以记住对方的面孔和名字。这种心理暗示能够将大脑的记忆状态调整到最佳，同时对即将到来的记忆任务充满激情和期待。

反之，如果我们一点自信都没有，总在抱怨自己的记性差，记不住陌生客户的名字，就会形成负面的心理暗示，使结果变得更糟。

实践证明，积极的心理暗示能够挖掘大脑的潜力，消极的心理暗示只会让我们一事无成。

所以，遇到陌生人不要自卑、紧张，而要放轻松，只要你沉着应对，信心十足，其实很容易就能记住对方的面孔和名字。

要善于聆听

如今，大多数人都会讲普通话，但不同地方的人在说普通话时会有不一样的口音，这些口音有时候常常让我们哭笑不得。

——“您好，我是××公司的销售总监王胜兰。”

——“郎盛南真是一个好名字，幸会幸会。”

你有没有把别人名字听错的经历？语言交流和书面交流不同，尤其是中国汉字博大精深，读音相同或相似的字非常多，再加上各地方言和口音的影响，在一次匆忙的会面中，要听对听准对方的名字真不是一件容易的事情。

如果一开始就把名字记错了，那还不如不记。要想避免这种情况，一定要善于倾听，一方面表示对别人的重视和尊重，另一方面也容易听清听准对方的名字。

如果心存疑惑，千万不要不懂装懂，可以试探性地询问，比如，“您是姓木子李？”或者直接重复对方的发音进行验证。对方一般都会耐心告诉你，具体是哪个字，应该怎样拼读。

有些人不好意思向别人确认名字，觉得这是一种失礼行为，这种担心其实完全没必要，当场确认、重复记忆，总比第二次见面时叫错别人的名字要好。

了解对方的兴趣爱好

记忆人名和相貌似乎和了解对方的兴趣爱好没有关系，但这其实是一个很好的记忆点，可以让我们更好地回忆起对方。

具体交谈时，我们可以坦言自己的兴趣爱好，并礼貌地询问对方周末都干什么、是否喜欢看电影等。询问前，要注意察言观色，如果对方穿着时髦、讲究，不妨问问他爱看什么时尚节目或书刊；如果对方身材标准、肌肉紧实，不妨问问他是否经常健身、喜欢哪类运动。

了解对方的兴趣爱好，大脑在记忆时便有了更多的记忆点。

举个例子，假设有一个名叫高洪的男子，身材高大，非常喜欢运动，我们就可以联系这些特征来进行记忆：和姚明一样高，和抗洪士兵一样壮硕，非常喜欢运动。有了这个联系，只要一见到对方又高又壮的样子，我们就能一下子想起他叫高洪，爱运动。

12.3 反复记忆法

重复是记忆的强化剂。实践告诉我们，不管记什么，不重复就一定会遗忘，从这个意义上讲，记忆就是和遗忘作斗争的过程。记忆人名和相貌也是如此。

所谓反复记忆法，就是初次见面后，反复记忆对方的名字和相貌，强化大脑的印象。记忆的次数多了，自然就会在大脑里留下难以磨灭的印象。

不过，与记忆书面信息不同，对于纸质材料，我们可以反复阅读，但对于人名和相貌，我们无法直接录像或录音，事后不可能反复阅读。另一方面，见面的频率和次数也是不可控的，而且对方有自己的行动和意志，很可能只有短暂的几分钟接触就离去了。

那么，对于这种转瞬即逝的记忆对象，我们应该怎样运用反复记忆法呢？

谈话时有意重复

一般来讲，面对面交谈时，人们很少会主动叫对方的名字。在这种情况下，大多数人会自动略去对方的名字。这种习惯本来无可厚非，但如果是初次见面的陌生人，这样做的后果很可能是对方刚转身离开，你已经忘了他的名字。

大脑的瞬间记忆并不牢固，很容易丢失，如果对方说出自己的名字后，不去重复巩固，将其转化为长时记忆，那么转身你可能就会忘记。

针对这种情况，在与对方交谈时，重复对方的名字是一种很好的办法。一来多次重复可以巩固我们的记忆；二来直接叫出名字能够显示出我们很重视对方，从而赢得对方的好感。

自己要有意复习

很多时候，我们与别人的见面时间非常短暂，有些擦身而过只交换了名片，有些仅说了几句话，有些只是远远见过一面……所以，有意复习他人的名字和相貌就显得非常重要，毕竟谁也不是天才，能做到过目不忘；我们的眼睛也不是照相机，看过就能翻找出来。

那么，具体来讲，应该怎样复习呢？

方法一：内心重复。我们可以在交谈间歇，一边仔细注视对方的脸，一边在内心默记对方的名字；也可以一边听对方说话，一边在内心默记对方的名字。交谈刚结束时，我们大脑的记忆还十分清晰，这时也是在内心反复默记的好时机。

方法二：事后回忆。每天睡觉前，花时间回忆一下当天见过的陌生人，回想与他们见面的情景，重复记忆他们的名字、相貌，以及当时发生的一些有意思的事情。

方法三：养成长期复习的好习惯。对于某些我们必须记住的重要人物，例如领导、VIP 客户、行业专家等，要格外费心。一般而言，平时见面机会多的，见一次就等于复习巩固了一遍，因此不用太担心遗忘。但对于那些重要但不常见的人，我们要养成长期复习的好习惯。

借助外力进行复习

随着智能手机的普及，合影留念已经成为一件非常普及的事情。通过合影，我们可以留下对方的相貌，从而为我们的记忆积累素材。

具体而言，我们可以专门准备一个本子，用类似档案的方式，将会见的人、时间、地点、缘由、对方职业、爱好等记录下来，如有合影也可贴在上面。这样时不时翻看一下，有助于加深我们的记忆。

没有合影也不用着急，如今互联网非常发达，你只要添加了对方的微信或 QQ，就可以去他的社交平台上找找线索。如果对方是行业知名人物，不妨去网上搜一搜。此外，商业或学术会议资料也要看一下，在会议日程上，通常印有参会人员的名单，重要人物还有照片和简介。

这些都是我们记忆人名和相貌时可以借助的外力。

千万不要怕麻烦，虽然做这些事情需要花时间，但有了这样一本小册子，记忆人名和相貌将会变得异常轻松。尤其是对那些患有脸盲症的人而言，这一招更管用。

12.4　图像联想法

科学研究发现，人脑对图像的记忆能力远高于对文字的记忆能力。图像记忆法就运用了人脑的这一特点。

在记忆人名和相貌时，我们可以运用图像记忆法，通过联想将两者整合在一起。这种记忆法的优点在于能够准确完成人名和相貌的一一对应。

事实上，记忆人名和相貌对大脑而言，并不是一件轻松的差事。既要记住人名和相貌，还要能够准确地对上号。做不到这一点，就会发生张冠李戴的尴尬局面。

单独记人名，多重复几次总能记住，单独记相貌，多看几次照片也能记住，但要建立一一对应关系则有些难度。图像记忆法可以很好地帮我们解决这一问题。

改造电话簿

如今的智能手机，电话簿的功能非常强大，除了可以记录姓名、电话外，还可以标注职务、公司、地址、头像。很多人在使用时，都忽视了头像的作用。事实上，头像可以帮助我们很好地记住对方的名字和相貌。

对此，你需要做的仅仅是改造电话簿，让通信录里的人尽可能都有头像。这里的头像既可以是本人的真实照片，也可以是以本人为蓝本绘制的Q版卡通画，还可以是与本人长相类似的卡通形象等。除了头像外，最好加上职业、头衔等，比如许强总经理、高秀杰老师等。

例如，对于厨师赵金铭，我们可以通过他本人的照片联想到他戴着厨师帽，在《厨神争霸》节目上烹饪的情景，然后想象他找（赵）到了一条金（金）光大道，终于出名（铭）了。

对于职业律师高丽，我们可以通过她本人的照片联想到她穿着职业装，像《律政佳人》中的白领律师一样，穿梭在又高（高）又美丽（丽）的商务办公大楼里。

对于企业老总秦奋凯，我们可以通过他本人的照片联想到他正坐在老板椅上训斥下属不够勤（秦）快，语气之间非常愤慨（奋凯）。

混合联想法

所谓混合联想，是指将姓名与对方的面部特征、特殊事件等混在一起联想。每个人都有自己鲜明的特点，将名字与这些特点联系起来，可以加深记忆，不容易遗忘。

例如，刘默虽然叫刘默，可性格一点也不沉默，反而非常活泼，他喜欢撩刘海装酷，嘴皮子薄，特别能说。根据名字与性格相反这一特征，我们可以一边联想他的刘（刘）海，一边想象他嘴巴闲不住、不沉默（默）

的样子。

张大军，永远是一张面无表情的严肃脸。我们可以根据这一特点，联想他长（张）了一张禁欲脸，上辈子一定是个大军（大军）官。

徐进，皮肤黑黄，看起来一脸菜色，好像营养不良一样。我们可以根据这一特点，联想他是一名红军，尽管在长征中饿得面黄肌瘦，还是坚持匍匐着徐徐（徐）前进（进）。

田笑笑，尽管听了一个并不好笑的笑话，却笑到肚子痛，想停都停不下来。我们可以根据这一件有趣的事情，联想她蹲在田（田）间地头不停地笑啊笑（笑笑）的画面。

除了上述两种方式外，图像联想法还有其他的形式，比如结合照片和名字联想对他印象最深刻的事情，给对方构思一个有趣的场景等。

想象一个叫王猛的男子，勇猛无比，自以为是天下之王，要与功夫熊猫决斗，结果还没上场就被 KO；再想象一个叫白飞的女子，像嫦娥一样穿着白衣服飞起来，结果下一秒就吧唧摔在地上……毫无疑问，这些画面清奇的“小剧场”会让大脑印象深刻。

记忆人名和相貌时，要注意将两者结合起来，否则一旦形成割裂式的记忆，再想将两者对上号，就难了。看脸记人，还要多记多练，刚开始效果可能并不明显，不过一旦我们熟练掌握了这一记忆方法，记忆的速度和效率就会大幅提升。

12.5　标签记忆法

小时候，你给同学和老师起过外号吗？或者，你被别人起过外号吗？时隔多年，我们很可能早已忘记他们的真实姓名，但他们的外号却像往昔一样如雷贯耳、清晰异常。

为什么外号比真名记得更牢靠呢？这涉及人名、相貌和本人的匹配问题。人们在记忆风景区及其名称时，往往比记忆人名和相貌更轻松，这是因为风景区和名称的匹配程度很高。

举个例子，我们说八达岭长城，其实就是八达岭这个地方的长城；说狼牙山，其实就是远远望去好像狼牙一样锋利的山；说蝴蝶泉，其实就是一个有很多蝴蝶的泉……这种高度的匹配性大大降低了大脑的记忆难度，记忆起来自然很轻松。

单纯记忆人名，有一定难度，因为不管李勇、王娜、周泽宇，还是赵华、高丽、欧阳询，我们并不知道这些人为什么叫这个名字，而不叫其他的名字。

大多数时候，人名和相貌是没有关系的，有时甚至是背离的，叫淑媛的女生长相可能一点也不淑女，叫文豪的男生可能大字不识，文化水平很低。

标签记忆法很好地克服了这一障碍。所谓标签记忆法，顾名思义，就是通过观察总结出对方的长相特征，并通过给对方起外号、贴标签的方式来进行记忆。

需要注意的是，给人起外号并四处宣扬是一件非常不礼貌的事情，所以标签最好留在心里，不要说出口，这种方法仅用于辅助我们记忆。

总结对方的特点

一般来讲，与对方特点越贴近的外号，越容易记忆，且不容易忘记。所以，在运用标签记忆法时，我们首先要找到对方的突出特点。

这些特点可以从相貌和穿衣打扮上寻找，也可以从习惯、饮食、性格等方面总结。比如，林雨涵女士嘴巴娇小，一看就让人想起樱桃小嘴；苗松非常爱嗑瓜子，只要一有空就在嗑；王艳不但人长得漂亮，还喜欢打扮，永远一副时尚的摩登女郎形象。

根据特点确定标签

找出对方的特点后，紧接着第二步就是对这些特点进行艺术化加工，形成标签。

林雨涵女士嘴巴小，标签可以是“古典美女”；苗松爱嗑瓜子，标签可以是“小松鼠”；王艳装扮时尚前卫，标签可以是“时尚女魔头”。

实践中，标签记忆法非常好用。例如，A客户有啤酒肚，为了将他与其他客户区分开来，可以将其记忆为“啤酒肚”；客户B身材肥胖，走起路来左摇右晃，形似企鹅，可以将其记忆为“企鹅先生”；C客户总是一副笑眯眯的样子，看起来特别慈祥，可以将其记忆为“弥勒佛”。

总的来说，标签与人物形象越贴切，就越容易记忆。因此，我们要亲自制作标签，别人制作的标签虽然触手可得，但如果我们不认同两者的关联度，就会影响大脑的记忆。

最后有必要再次重申，给人贴标签、起外号是很不礼貌的事情，因此，要尽量使用中性词，避免人身攻击。最重要的一点，贴标签只能在心底辅助我们记忆，千万不能说出来。

第13章

记忆演讲、诗歌、文章

文字内容是我们记忆的重点，从学生时代的诗歌和古文，到参加辩论赛的各种论据，再到工作后的公开讲话……不管你处在人生的哪一个阶段，都需要记忆文字材料。

但很多人却因为记不住文字材料而头痛不已。你是否有过这样的经历：明明事前做了充分准备，可一站到台上要演讲，大脑就一片空白，什么也想不起；再或者，看到一句诗非常熟悉，可死活想不起来前一句和后一句。

记忆文字材料是我们学习、生活和工作中的常见任务，要想出色地完成这一任务，不仅要认真的态度，还要掌握一定的方法和技巧。

13.1 记忆演讲稿

生活在现代社会，处处需要演讲：上学时，需要参加各种演讲比赛；工作中，需要在会上公开发言；展会上，接待客户、介绍产品时，需要公开演说。

没有人天生就是演说家，那些在台上口若悬河、滔滔不绝的人，其实在台下付出了常人难以理解的努力。这其中，就包括熟读、记忆演讲稿。可以说，快速准确地记忆演讲稿，同时清晰表达出其中的内容，是现代社会人人需要具备的能力和素质。

那么，我们应该如何记忆演讲稿的内容呢？

自己准备演讲内容

直接把别人准备好的演讲稿拿过来用固然省事，但别人的东西你消化不好，很容易导致在演讲中卡壳，最后以失败收场。

自己准备演讲内容是强化记忆的好办法。在准备过程中，大脑需要长时间的周密思考，要顾及很多问题，比如演讲的顺序、从哪一部分开始、采用什么样的讲话风格等。因此，准备的过程也是一个记忆的过程，所有内容从头到尾都要在大脑中过一遍，这样有助于加深印象。

反复记忆

尽管内容是自己准备的，事后也要加强复习，千万不能束之高阁，不再翻看，否则可能会在演讲中出现忘词的现象。重复记忆是克服遗忘的最佳工具。因此，在准备好演讲内容后，我们还要反复多读几次，直至可以熟练背诵。

在此基础上，我们可以对着镜子，想象自己正站在演讲台上，眼前是密密麻麻的人群，然后进行现场脱稿演讲模拟练习。遇到卡壳的地方，要有针对性地进行强化记忆。

注重记忆方法

记忆演讲稿有一定的方法和技巧。以中央电视台主播的播音速度为参照，人在中等语速时每分钟可以说 300—400 字。演讲稿的一个记忆难点在于内容比较多，即便半个小时的小演讲，内容也将多达 9000—12000 字，相当于 6—8 页写满文字的 A4 纸。

一次性记忆 6—8 页 A4 纸的内容，绝不是一件容易的事情。面对如此多的内容，千万不要没头没脑地上来就记，否则很可能前面背得很熟，后面却一点也没记住。

针对演讲内容多的特点，我们可以采取两种办法。第一种是拆分记忆法，即将全部演讲稿拆分成几个部分，然后分别进行记忆，等各部分都记熟之后，再将其整合起来。

第二种是提纲记忆法。首先对演讲稿的内容进行梳理，然后列出一个清晰完整的提纲，先记忆提纲，然后再记忆详细的演讲稿。这种方法可以辅助我们记忆，并为我们提供回忆线索。

其他记忆方法

除了拆分记忆法和提纲记忆法，我们还可以借助各种各样的小工具。

仔细观察电视上的主持人，我们会发现，他们除了话筒，还会手持一张小卡片。这张卡片就是协助主持人记忆重点和难点内容的工具。要想成为一个演讲达人，学会使用多种协助记忆的工具是必不可少的。

我们可以使用3英寸×5英寸的索引卡，也可以使用提词机。美国作家马克·吐温曾将演讲主题的首字母写在指甲上协助记忆。

英国人埃德·库克的办法则运用了少即是多的原则。他先对讲话内容进行压缩，最后只剩下记忆要点。将这些要点依次写下来，运用联想法为每个记忆点设定一个画面。因为人脑记忆图像的能力比文字强得多，经过这样的处理，记忆演讲稿的内容就变得很容易。

库克同时还是宫殿记忆法的拥趸。宫殿记忆法，也就是前面讲过的定桩法，用它可以记忆演讲稿。

美国记忆冠军乔舒亚·弗尔曾在《与爱因斯坦漫步月球》一书中提到了视觉意象记忆法，也就是将各种演讲主题与一系列相关的实物联系在一起的记忆方法。这种方法从本质上讲就是一种定桩记忆法。

其实，人们在演讲中使用这种记忆方法的历史很悠久。早在公元1世纪，古罗马著名演说家奇切罗就可以在罗马广场上，不依靠任何笔记滔滔不绝地讲上几个小时。

那么，他究竟是怎么做到的呢？原来，他将罗马广场上的石柱作为记忆触发器，通过联想将演讲主题与一根根柱子联系起来，每根柱子代表着特定的讲话主题和内容。有了这个记忆触发器，在演讲时就可以利用柱子的提示，回忆起演讲的内容。

实际记忆时，除了上面提到的地点桩，还可以运用身体桩、人物桩等来辅助记忆。

13.2 记忆诗歌

古诗词是中国古代文化中一朵无比璀璨的花朵。学生时代，我们每个人都曾高声朗读、背诵经典诗歌。然而时至今日，你还能背诵几首诗歌呢？

近年来，随着《中国诗词大会》节目的走红，诗歌获得了前所未有的关注。我们为什么要记忆诗歌呢？因为诗歌是中国传统文化的精华，背诵诗歌可以增加我们的文化修养，对历史文化产生认同感。可能幼年时记忆诗歌并不能深刻理解其意，但随着年龄和阅历的增长，我们会对诗歌产生感同身受的共鸣，这有助于我们提升自己的精神境界。

背诵诗歌并非易事，因为我们从小接受的是现代白话文学习，日常使用的也是白话文，但我们接触的诗歌大多数是古诗词，也就是用古代汉语写的诗歌，这导致我们在理解古诗词时会遇到很多困难。

记住上句，却想不起下句，明明是这首诗，结果跟另一首记混了……我们在记忆诗歌时，经常遇到类似的状况。那么，记忆诗歌有什么技巧和方法呢？

关键词记忆法

所谓关键词记忆法，顾名思义，就是通过提取关键词的方式进行记忆。

那么，何为关键词呢？一般来说，关键词一是指文句、语段的领头字词，二是指内容支撑点的关键性词语。只要我们记住重要的关键词，其他内容就很容易记忆了。下面我们以唐代诗人王维的《使至塞上》为例来介绍这种记忆法的使用。

使至塞上

王维

单车欲问边，属国过居延。

征蓬出汉塞，归雁入胡天。

大漠孤烟直，长河落日圆。

萧关逢候骑，都护在燕然。

在这首诗里，有不少地名关键词，比如“边”“居延”“大漠”“长河”“萧关”“燕然”。这些地名的含义如下：

边：边塞。

居延：地名，汉代称居延泽，唐代称居延海，在今内蒙古额济纳旗北境。

大漠：大沙漠，此处大约指凉州之北的沙漠。

长河：黄河。

萧关：古关名，故址在今宁夏固原东南。

燕然：古山名，即今蒙古国杭爱山。这里代指前线。

理解并记住这些关键词，再结合这是诗人王维在奉命赴西河节度使府慰问将士的途中所作，记忆这首诗就容易多了。

此外，关键词还能避免遗忘，这些穿插在诗文中的关键词，可以起到唤起记忆的作用。

绘画记忆法

中国古诗词有个典型的特征，即亦诗亦画，诗人们非常善于运用象征、以物言志、借景抒情的表达手法，因此绝大多数诗歌都非常有画面感。我们可以根据诗歌中描写的内容，将其场面和情景画下来，然后通过图像来协助记忆，以提高记忆的效率。

我们以王安石的《登飞来峰》一诗为例。

登飞来峰

王安石

飞来山上千寻塔，闻说鸡鸣见日升。

不畏浮云遮望眼，只缘身在最高层。

记忆这首诗时，我们可以将其转化为图画，画出山上的塔、天微亮时的日出、天空中飘动的浮云，还有站在塔上看日出的人。如此一来，清晰的画面跃然纸上，我们只要根据画面联想，就能很轻松地复述出这首诗。

首字记忆法

很多人都有这样的体会：有时候，我们挠破头皮都想不起某一句诗来，但如果有人提示，哪怕只是一个字，我们也能瞬间想起来。在这里，别人的提示是一种唤起线索，大脑如果缺乏这种线索，就无法提取出记忆内容，遗忘也就发生了。

首字记忆法是这种遗忘的克星，记住首字，就相当于给大脑增加了一个唤起记忆的线索，一旦有提示，脑海里马上就会浮现出来。这种方法尤其适合比较难记的古诗词。

具体来讲，我们可以先记住每首诗的第一个字，然后将其组合起来编成顺口溜，这样当我们想不起下一句时，回想一下顺口溜，瞬间就能记起来了。

此外，这种方法也有助于我们解决记错、记乱诗歌各句顺序的情况。

以《诗经·秦风》中的《渭阳》为例。

秦风·渭阳

我送舅氏，曰至渭阳。

何以赠之？路车乘黄。

我送舅氏，悠悠我思。

何以赠之？琼瑰玉佩。

这首诗共四句，每句的首字分别是“我”“何”“我”“何”，可以将其编成“我喝我喝”，这样我们就能轻松记住四句的首字，为大脑提供一个唤起记忆的线索。

在实际记忆中，我们可以根据不同的情况，采取不同的办法来记忆首字，尤其是藏头诗，非常适合采取这种记忆方法。

歌唱记忆法

所谓歌唱记忆法，顾名思义，就是通过歌唱的形式来进行记忆。优美的旋律有助于激发我们的兴趣，加深大脑的印象。尤其是现在，有不少诗歌被改编成了流行歌曲，为我们采用歌唱记忆法提供了非常便利的条件。比如，苏轼的《水调歌头》、岳飞的《满江红》、李煜的《虞美人》等都有歌曲，我们直接找出这些歌曲，一边听歌一边记歌词，然后结合诗词记忆即可。

当然，歌唱记忆法的适用范围比较小，不是所有诗歌都改编成了歌曲，绝大多数人也不具备自己编写歌曲的能力，这是歌唱记忆法的局限所在。我们在记忆诗歌时，不妨在网上搜一下，看是否有相应的歌曲，如果有的话，那还等什么，赶紧跟着音乐唱起来吧！

除了上述方法外，记忆诗歌还可以采用默写记忆法、循环记忆法等。

默写可以检验我们的记忆成果，找到记忆中的薄弱环节，从而进行针对性的强化训练。

没有大脑记不住的东西，只要你重复的次数足够多，就一定能记住。循环记忆法就是通过反复记忆来强化记忆的方法。下面是一位心理学家的经验之谈：

“如果星期一你要背诵一篇文章，你应该在当天尽量把它背出来。第二天你再背诵一次，隔两天到星期五你再记一次。再隔三天，再记一次。往后，隔四天，隔五天……这样循环记忆，间隔时间不断延长，每次只花几分钟，一般三到四次就能形成终生记忆。记性差的人也不会超过七次，而且能记住一辈子。”

13.3 记忆文章

日常生活中，绝大多数人都需要记忆文章，这些文章可能是专业资料，可能是工作上的重要文件，也可能是自己阅读过的图书或期刊等。

与抽象、无意义的数字或字母相比，记忆文章似乎更加容易，但对于政治、哲学、财务、法律等专业性的资料，记起来却并不轻松。面对这些记忆任务，死记硬背肯定行不通。那么，这类文章应该怎样记忆呢？下面介绍一套科学、合理的记忆方法。

速读是基础

要记忆一篇文章，首先要通读一遍文章，这是必不可少的过程。记忆需要一个循序渐进的过程，不可能一蹴而就，通读全文的目的在于让大脑对文章有一个整体的认知。

为什么要速读呢？一方面，速读比普通阅读更快捷、更高效；另一方面，由于阅读的速度较快，速读时精力必须高度集中，在这一过程中，大脑的参与度比普通阅读更高，因此同样是读，速读的效果要好于普通阅读。

怎样速读呢？一目十行只是夸张的形容词，现实中几乎不可能，毕竟人的生理因素决定了我们的极限。有些人阅读文章时，习惯用手一行一行地指着读，这是非常不科学的，会极大地影响阅读速度。正确的速读方法是集中精力，摒弃一切干扰因素，视线从左到右依次扫过。

需要注意的是，速读时千万不要一味地追求速度，关键是要读懂文章，如果只是为了快，读完却不求甚解，那么再快的速度也是毫无价值的。

如果缺乏速读基础，刚开始速读时可以适当慢一些，比平时读书稍快一点就可以，这样既能提高效率，又能保证阅读的质量。随着速读基础不断增强，可以循序渐进地加快速度。

此外，阅读过程中如果遇到重点或难以理解的地方，要适当放慢速度，给大脑足够的理解和思考时间。快速阅读、分析、梳理知识点是记忆文章的基础，千万不可忽视。

理解是前提

很多人之所以记忆效率低下，是因为死记硬背，对所记的内容一点也不理解。事实上，只要你理解文章的内容，记忆起来就会轻松得多。从某种意义上讲，理解文章的内容是快速记忆文章的重要前提。

尤其是专业性文章，之所以难记，一个重要的原因是抽象词汇较多，这些我们不熟悉、不理解的词汇正是造成我们记忆困难的罪魁祸首，同时也是大脑理解的难点。只有攻克这些难点，才能理解文章的含义，进而为后边的记忆打下良好的基础。

在速读完成后，我们可以将难以理解的地方标出来，通过查字典、到网上搜索、询问专业人士等办法，把这些专业术语弄懂、吃透，并结合上下文，将文章的意思搞清楚。

寻找逻辑链

与数字和字母的不同，文章的最大特点就是有其内在逻辑，比如文章的整个结构是按照空间顺序、时间顺序、从宏观到微观等逻辑顺序来写的，文章的内在逻辑就好比一条脉络，只要我们找到了这条逻辑链，就能够从整体上把握文章的结构，进而形成清晰的记忆。

这里所说的逻辑链，有点类似于我们前文中介绍过的提纲记忆法，借助文章的逻辑关系，我们可以清楚地知道接下来是什么内容，这样不但记起来很轻松，还不用害怕遗忘。

右脑深层记忆

大部分人都习惯用左脑学习记忆，其实右脑的旧皮层和脑干部分有着不可思议的能力，如果能够打开右脑的深层记忆，记忆文章会变得非常高效。

那么，怎样开发右脑深层记忆的能力呢？

一要放松，不仅要让心情尽可能地平静下来，同时还要放松身心。可以通过心理暗示的方式进行放松，用身体最舒服的姿态或坐或躺，然后放空大脑，心里默念：我很放松，全身上下每一个细胞都松弛下来，全身变得很轻盈……一两分钟后，我们就会进入放松状态。此外，也可以通过听舒缓的音乐来使自己放松。

二要集中，让大脑的精力集中起来，为高效记忆做练习。可以通过刻意的呼吸练习来集中精神，比如通过腹式深呼吸让意识从左脑转移到右脑，注意右脑的活跃度。在这个过程中，右脑会进入一个比较好的状态。

三要暗示，心理暗示的作用很强大，我们要学会运用这种方法来提升记忆力。例如，可以默念：我一定能做到，一定能用右脑快速记忆文章……

第 14 章

记忆扑克牌

1991年，世界记忆之父托尼·博赞发起了快速扑克牌记忆世界脑力锦标赛，该比赛是由世界记忆力运动委员会（WMSC）组织的世界最高级别的记忆力赛事。比赛的内容很简单，就是在最短的时间内尽量记住一副54张扑克牌，包括数字和花色。

扑克牌是全球广泛流行的娱乐纸牌，一共有54张，除了大小王两张牌外，共有黑桃、红桃、方片和梅花四种花色，其中有数字牌，也有像J、Q、K一样的人物牌。总的来说，扑克牌的构成非常多样化，要想在短时间内记住一副扑克牌的顺序，实在不是一件容易的事。

也许有人会说，又不打算去参加扑克牌记忆比赛，为什么要记这么难记的东西呢？千万不要以为记忆扑克牌没用，就算你不玩扑克牌，无所谓胜负，也能从中受益良多。

这是因为，记忆扑克牌是训练记忆力的好方法，能够锻炼大脑的联想能力和编码能力，有助于增强我们对编码记忆法、定桩记忆法的理解和运用能力。有了这个基础，再去记忆其他内容就会有完全不同的感受和效率。

所以，还在等什么，赶快加入扑克牌的记忆训练吧！

14.1 扑克的分析和编码

要想记忆一副扑克牌，首先必须熟悉扑克牌的构成，并对其进行分析，找到其特点。

一副牌共有54张，如果没有科学的记忆方法，要想记住它们的随机顺序简直比登天还难。也许有人会问：人的大脑真的能完成这样的记忆任务吗？答案是肯定的，德国人西蒙就是记忆扑克牌的大师级人物，他正确记忆一副扑克牌只需要 21 秒！

西蒙的例子告诉我们，大脑的记忆潜力是无限的。只要找对方法、坚持训练，你也可以成为记忆扑克牌的高手。

扑克牌的构成

首先，我们来分析扑克牌的构成规律。

第一类：大王、小王

第二类：人物牌，包括 J、Q、K

第三类：数字牌，包括 A、1、2、3、4、5、6、7、8、9、10

除了大王和小王两张牌以外，其他 52 张牌均有 4 个花色，也就是说，人物牌共 12 张，数字牌共 40 张。

摸清了扑克牌的构成规律，我们就可以针对其不同的特点选择合适的记忆方法和策略了。大小王只有两张牌，且比较特殊，一般不需要特别记忆，在此不作重点说明。

12 张人物牌和 40 张数字牌，我们均可以通过编码的方式来协助记忆。

那么，究竟如何编码呢？

人物牌的编码

12 张人物牌分别是：

方片 J、方片 Q、方片 K

红桃 J、红桃 Q、红桃 K

梅花 J、梅花 Q、梅花 K

黑桃 J、黑桃 Q、黑桃 K

玩过扑克牌的人都知道，方片和红桃两个花色是红色的，梅花和黑桃则是黑色的，我们可以根据这两种颜色来区分这 12 张人物牌：红色的方片和红桃为一组，黑色的梅花和黑桃为一组。

这 12 张人物牌可以采用人物桩的方法对其编码，红色的编为女性，黑色的编为男性。以下提供一套编码方案：

方片 J（林黛玉）、方片 Q（嫦娥）、方片 K（慈禧）

红桃 J（妲己）、红桃 Q（杨玉环）、红桃 K（武则天）

梅花 J（岳飞）、梅花 Q（和珅）、梅花 K（秦始皇）

黑桃 J（洪七公）、黑桃 Q（包拯）、黑桃 K（黑山老妖）

以上编码仅供大家参考。实际运用时，也可以选择自己熟悉、喜欢的人物形象作为编码，比如喜欢的明星、熟悉的电视剧或小说人物，甚至是游戏中的角色，等等。

需要注意的是，编码时一定要选择自己熟悉的、印象深刻的人物形象，这样能降低大脑的记忆难度。

数字牌的编码

由于数字牌有红桃、方片、黑桃、梅花四个花色，且牌面均是从 A 到 10，为了准确记住花色，我们在给数字牌编码时，一定要对这四个花色进行排序。

比如，可以制定如下规则：

黑桃的十位数为 0（可记忆为黑色的桃看不到，于是计为 0）

红桃的十位数为 1（可记忆为看到了一个红色的桃子，于是计为 1）

方片的十位数为 2（可记忆为一个平行四边形可以分为 2 个三角形）

梅花的十位数为 3（可记忆为梅花是由 3 个小草花组成的）

这样一来，每张牌都有唯一对应的数字，比如黑桃 A 可转化为 01，梅花 9 可转化为 39，方片 6 可转化为 26，以此类推。

接下来，我们只要对数字 00—39 进行编码就可以了。

01（树）02（鸭）03（耳）04（船）05（虎）

06（勺）07（镰刀）08（葫芦）09（酒）10（台球）

11（光棍）12（食饵）13（石山）14（市肆）15（石虎）

16（石榴）17（石器）18（石坝）19（狮鹫）20（耳饰）

21（二姨）22（鸳鸯）23（乔丹）24（表）25（二虎）

26（双勺）27（耳机）28（恶霸）29（二舅）30（三石）

31（三姨）32（扇儿）33（三山）34（绅士）35（山虎）

36（山鹿）37（三七）38（伞把）39（三舅）00（鸡蛋）

利用这套数字编码，扑克牌的记忆会变得非常形象、简单。以下是扑克牌与数字编码的对应关系：

黑桃 10——00（鸡蛋）

黑桃 9——09（酒）

黑桃 8——08（葫芦）

黑桃 7——07（镰刀）

黑桃 6——06（勺）

黑桃 5——05（虎）

黑桃 4——04（船）

黑桃 3——03（耳）

黑桃 2——02（鸭）

黑桃 1——01（树）

红桃 10——10（台球）

红桃 9——19（狮鹫）

红桃 8——18（石坝）

红桃 7——17（石器）

红桃 6——16（石榴）

红桃 5——15（石虎）

红桃 4——14（市肆）

红桃 3——13（石山）

红桃 2——12（食饵）

红桃 1——11（光棍）

方片 10——20（耳饰）

方片 9——29（二舅）

方片 8——28（恶霸）

方片 7——27（耳机）

方片 6——26（双勺）

方片 5——25（二虎）

方片 4——24（表）

方片 3——23（乔丹）

方片 2——22（鸳鸯）

方片 1——21（二姨）

梅花 10——30（三石）

梅花 9——39（三舅）

梅花 8——38（伞把）

梅花 7——37（三七）

梅花 6——36（山鹿）

梅花 5——35（山虎）

梅花 4——34（绅士）

梅花 3——33（三山）

梅花 2——32（扇儿）

梅花 1——31（三姨）

采用编码法记忆扑克牌，一定要熟记数字编码。我们可以根据自己的习惯和思维方式来确定编码，一旦确定后，就不要轻易更改，否则很容易造成记忆混乱。确定好编码后，一定要反复记忆编码，直至烂熟于心。所谓磨刀不误砍柴工，只有熟记数字编码，才能用好编码法，进而为高效记忆扑克牌打下坚实的基础。

14.2　扑克牌低阶记忆训练

熟记扑克牌的编码后，就可以进入真正的记忆阶段了。

由于一开始就记忆一副 54 张牌的难度比较大，因此建议那些刚学习记忆扑克牌、在这方面缺乏训练或记忆经验的人，最好采取循序渐进的方式。

实操训练一

以下是针对初学者设计的扑克牌记忆训练，需要记住 13 张任选扑克牌的正确顺序。

红桃 3　梅花 9　黑桃 A　大王　黑桃 K　方片 J

梅花 2　梅花 8　红桃 Q　方片 4　黑桃 Q　方片 9　梅花 7

运用之前熟记的编码，我们可以将以上 13 张牌记忆为：

红桃 3——13（石山）

梅花 9——39（三舅）

黑桃 A——01（树）

大王

黑桃 K——黑山老妖

方片 J——林黛玉

梅花 2——32（扇儿）

梅花 8——38（伞把）

红桃 Q——杨玉环

方片 4——24（表）

黑桃 Q——包拯

方片 9——29（二舅）

梅花 7——37（三七）

将上述编码组合起来，运用联想法，可将其记忆为：石山顶上看见三舅，旁边树下坐着大王和黑山老妖，林黛玉一边摇着扇儿，一边拿着伞把，杨玉环戴了块表，包拯和二舅在研究三七。

在实际训练时，我们可以准备两副扑克牌，其中一副牌摆出我们需要记忆的内容，记忆完成后，将牌倒扣起来。然后用另一副牌，按照自己的记忆顺序，将牌一张一张对应摆出来，两副牌再一一对照，核对记忆的准确率即可。

为了熟练掌握这种编码记忆法，我们可以反复不断地练习，直到能够轻松记住 13 张扑克牌的随机顺序为止。我们可以参照以下的训练题进行训练。

训练题

1. 大王、黑桃 9、梅花 J、方片 3、方片 7、红桃 Q、梅花 Q、黑桃 3、梅花 A、红桃 9、红桃 J、方片 K、梅花 2。

2. 梅花 10、红桃 4、红桃 K、方片 9、黑桃 Q、小王、方片 A、大王、梅花 8、方片 K、黑桃 A、黑桃 5、红桃 8。

3. 方片 9、小王、方片 7、红桃 Q、大王、黑桃 9、黑桃 Q、梅花 8、方片 K、梅花 10、红桃 4、黑桃 A、梅花 2。

4. 红桃 Q、黑桃 9、方片 10、梅花 A、梅花 10、黑桃 J、红桃 K、方片 8、方片 3、红桃 5、梅花 7、黑桃 2、方片 4。

5. 黑桃 2、黑桃 9、梅花 10、红桃 K、红桃 5、梅花 7、红桃 Q、大王、方片 10、方片 3、梅花 J、黑桃 A、梅花 8。

6. 小王、方片 A、方片 K、梅花 10、黑桃 10、梅花 7、方片 10、梅花 J、梅花 A、红桃 9、红桃 4、红桃 K、方片 9。

我们也可以自己随机洗牌，从中抽出 13 张进行记忆训练。

实操训练二

有了前面的基础，我们就可以进行更复杂的记忆，例如记忆 28 张随机排序的扑克牌。

黑桃 2、梅花 10、红桃 K、方片 5、方片 10、梅花 3、梅花 J
黑桃 A、梅花 8、黑桃 9、梅花 7、红桃 Q、大王、梅花 9
红桃 J、红桃 10、梅花 6、黑桃 Q、小王、黑桃 K、梅花 Q
方片 A、梅花 4、红桃 9、黑桃 7、方片 9、方片 6、梅花 5

运用之前熟记的编码，我们可以将以上 28 张牌记忆为：

黑桃 2——02（鸭）
梅花 10——30（三石）
红桃 K——武则天

方片 5——25（二虎）

方片 10——20（耳饰）

梅花 3——33（三山）

梅花 J——岳飞

黑桃 A——01（树）

梅花 8——38（伞把）

黑桃 9——09（酒）

梅花 7——37（三七）

红桃 Q——杨玉环

大王——大王

梅花 9——39（三舅）

红桃 J——妲己

红桃 10——10（台球）

梅花 6——36（山鹿）

黑桃 Q——包拯

小王——小王

黑桃 K——黑山老妖

梅花 Q——和珅

方片 A——21（二姨）

梅花 4——34（绅士）

红桃 9——19（狮鹫）

黑桃 7——07（镰刀）

方片 9——29（二舅）

方片 6——26（双勺）

梅花 5——35（山虎）

将上述编码组合起来，运用联想法，可将其记忆为：鸭子跳到三石上，武则天就称了皇，养了两只老虎，戴耳饰，放到三山上。岳飞种树拿着伞把，一边喝酒一边挖三七。杨玉环爱上大王，三舅也跟着沾光。妲己玩着台球想吃山鹿肉。包拯铁面无私不怕小王。黑山老妖碰上贪官和珅。二姨的丈夫是个绅士。狮鹫的身上插着把镰刀，细看原来是二舅的双勺，吓得山虎赶紧逃跑了。

同时记忆 28 张扑克牌难度比较大，因此，请务必在完成实操训练一后，再进行此训练，以免影响训练效果。

此外，需要注意的是，由于本训练的难度较大，初期可能会遇到较大的困难，出现记错、记混、遗忘等现象。遇到这种情况千万不要着急，良好的心理素质也是高效记忆的重要保证。

事实上，再有效的记忆方法也不是魔法，不可能让我们不费吹灰之力就完成高强度的记忆任务。因此，不要急功近利，要循序渐进地提升我们记忆扑克牌的能力。如果 28 张牌实在记不住，不妨先记 20 张牌，待熟练后再记忆 28 张牌。

训练题

1. 方片 7、红桃 Q、梅花 Q、大王、黑桃 9、梅花 J、梅花 A、方片 K、梅花 2、方片 3、黑桃 3、红桃 9、红桃 J、小王、红桃 A、梅花 9、黑桃 K、红桃 K、梅花 5、方片 9、方片 Q、黑桃 7、梅花 3、方片 10、红桃 10、红桃 8、方片 A、黑桃 2。

2. 梅花 10、红桃 4、梅花 8、方片 Q、黑桃 Q、小王、红桃 K、方片 9、方片 A、方片 7、黑桃 A、黑桃 5、大王、黑桃 9、红桃 Q、梅花 Q、梅花 J、红桃 10、方片 J、梅花 A、黑桃 10、方片 K、梅花 3、梅花 9、黑桃 2、红桃 9、红桃 6、方片 4。

我们也可以自己随机洗牌，从中抽出 28 张进行记忆训练。

14.3 扑克牌高阶记忆训练

完成前面的低阶记忆训练后，我们就可以进入高阶记忆训练了。与低阶记忆训练相比，高阶记忆训练的难度更大，随着扑克牌数量的增加，精力需要更加集中。

训练时，最好选择安静舒适、完全无干扰的场所，关闭手机或调成静音。此外，大脑和计算机有相似之处，都有一个开机过程，我们可以选择简单的记忆任务给大脑热身，使其进入一个较好的记忆状态，此时再开始本轮的记忆训练。

实操训练三

实操训练三的主要内容是熟练记忆 42 张随机排序的扑克牌。

随着扑克牌数量的增加，记忆的难度系数呈几何倍数增加，我们要做好充足的心理准备，以免因失败受挫而影响训练积极性。以下是所需记忆的内容：

小王、红桃 Q、梅花 7、黑桃 2、梅花 6、红桃 K、黑桃 A

方片 J、红桃 A、方片 K、黑桃 J、黑桃 Q、梅花 J、梅花 Q

黑桃 10、梅花 2、大王、方片 A、梅花 9、红桃 3、方片 10

黑桃 5、红桃 2、黑桃 3、红桃 9、红桃 8、红桃 7、红桃 6

红桃 4、方片 9、黑桃 9、黑桃 8、方片 6、梅花 4、方片 Q

方片 5、黑桃 4、梅花 8、方片 4、梅花 3、梅花 5、红桃 J

运用之前熟记的编码，我们可以将以上 42 张牌记忆为：

小王——小王

红桃 Q——杨玉环

梅花 7——37（三七）

黑桃 2——02（鸭子）

梅花 6——36（山鹿）

红桃 K——武则天

黑桃 A——01（树）

方片 J——林黛玉

红桃 A——11（光棍）

方片 K——慈禧

黑桃 J——洪七公

黑桃 Q——包拯

梅花 J——岳飞

梅花 Q——和珅

黑桃 10——00（鸡蛋）

梅花 2——32（扇儿）

大王——大王

方片 A——21（二姨）

梅花 9——39（三舅）

红桃 3——13（石山）

方片 10——20（耳饰）

黑桃 5——05（虎）

红桃 2——12（食饵）

黑桃 3——03（耳）

红桃 9——19（狮鹫）

红桃 8——18（石坝）

红桃 7——17（石器）

红桃 6——16（石榴）

红桃 4——14（市肆）

方片 9——29（二舅）

黑桃 9——09（酒）

黑桃 8——08（葫芦）

方片 6——26（双勺）

梅花 4——34（绅士）

方片 Q——嫦娥

方片 5——25（二虎）

黑桃 4——04（船）

梅花 8——38（伞把）

方片 4——24（表）

梅花 3——33（三山）

梅花 5——35（山虎）

红桃 J——妲己

将上述编码组合起来，运用联想法，可将其记忆为：小王和杨玉环喜欢吃三七炖鸭子和山鹿，武则天爱栽树，林黛玉至死都是光棍，慈禧爱上洪七公，包拯审理岳飞案，和珅爱吃鸡蛋爱打扇儿。大王的二姨和三舅都住在石山，戴耳饰的老虎吃了食饵，没了耳朵的狮鹫躺在石坝上。石器中装着石榴，市肆上遇到二舅买酒，戴着酒葫芦和二勺，还假装绅士想追嫦娥。二虎船上坐，伞把下边有块表，远处三山上的山虎听命于妲己。

训练题

1. 方片 9、红桃 Q、梅花 7、梅花 6、红桃 K、方片 8、红桃 10、大王、红桃 J、梅花 5、方片 J、黑桃 Q、红桃 8、方片 K、梅花 J、梅花 Q、梅花 K、黑桃 K、红桃 6、方片 6、黑桃 6、黑桃 5、方片 5、梅花 3、方片 4、梅花 4、方片 3、红桃 7、梅花 9、红桃 A、方片 10、黑桃 9、梅花 10、黑桃 8、梅花 A、小王、黑桃 A、梅花 2、方片 Q、黑桃 10、红桃 2、黑桃 2。

2. 梅花 2、方片 9、黑桃 9、红桃 8、梅花 7、黑桃 4、梅花 6、红桃 K、方片 8、红桃 10、红桃 J、梅花 5、方片 J、黑桃 Q、方片 K、黑桃 J、梅花 J、红桃 3、梅花 Q、黑桃 K、方片 Q、黑桃 10、黑桃 7、方片 7、红桃 9、黑桃 3、红桃 7、红桃 4、方片 6、红桃 6、方片 5、梅花 3、方片 4、梅花 4、方片 2、梅花 9、红桃 A、方片 10、梅花 10、黑桃 8、方片 3、梅花 A。

实操训练四

实操训练四的主要内容是熟练记忆 54 张随机排序的扑克牌。以下是所需记忆的内容：

方片 2、大王、红桃 J、黑桃 7、红桃 K、方片 J
黑桃 6、红桃 Q、方片 Q、方片 K、黑桃 J、黑桃 Q
梅花 Q、梅花 K、黑桃 10、方片 3、梅花 9、黑桃 9
方片 9、梅花 7、黑桃 8、黑桃 5、黑桃 4、方片 8
黑桃 3、红桃 8、红桃 7、方片 A、梅花 10、红桃 6
红桃 5、红桃 4、红桃 3、红桃 2、梅花 8、梅花 6
红桃 A、方片 10、梅花 5、方片 7、黑桃 K、梅花 J
方片 6、梅花 A、方片 5、小王、黑桃 A、红桃 10
方片 4、梅花 4、黑桃 2、红桃 9、梅花 3、梅花 2

运用之前熟记的编码，我们可以将以上 54 张牌记忆为：

方片 2——22（鸳鸯）
大王——大王
红桃 J——妲己

黑桃 7——07（镰刀）

红桃 K——武则天

方片 J——林黛玉

黑桃 6——06（勺）

红桃 Q——杨玉环

方片 Q——嫦娥

方片 K——慈禧

黑桃 J——洪七公

黑桃 Q——包拯

梅花 Q——和珅

梅花 K——秦始皇

黑桃 10——00（鸡蛋）

方片 3——23（乔丹）

梅花 9——39（三舅）

黑桃 9——09（酒）

方片 9——29（二舅）

梅花 7——37（三七）

黑桃 8——08（葫芦）

黑桃 5——05（虎）

黑桃 4——04（船）

方片 8——28（恶霸）

黑桃 3——03（耳）

红桃 8——18（石坝）

红桃 7——17（石器）

方片 A——21（二姨）

梅花 10——30（三石）

红桃 6——16（石榴）

红桃 5——15（石虎）

红桃 4——14（市肆）

红桃 3——13（石山）

红桃 2——12（食饵）

梅花 8——38（伞把）

梅花 6——36（山鹿）

红桃 A——11（光棍）

方片 10——20（耳饰）

梅花 5——35（山虎）

方片 7——27（耳机）

黑桃 K——黑山老妖

梅花 J——岳飞

方片 6——26（双勺）

梅花 A——31（三姨）

方片 5——25（二虎）

小王——小王

黑桃 A——01（树）

红桃 10——10（台球）

方片 4——24（表）

梅花 4——34（绅士）

黑桃 2——02（鸭）

红桃 9——19（狮鹫）

梅花 3——33（三山）

梅花 2——32（扇儿）

将上述编码组合起来，运用联想法，可将其记忆为：鸳鸯是一对，大王和妲己。死神拿着镰刀来，带走武则天和林黛玉。拿着勺子的杨玉环仰望嫦娥，慈禧爱上洪七公，包拯正在审和珅。秦始皇爱吃鸡蛋，乔丹的三舅爱喝酒，二舅拿着三七和葫芦打虎。船上的恶霸没耳朵，石坝上摆着石器，二姨站在三石上摘石榴。石虎去市肆又回石山吃食饵，伞把打死山鹿，光棍戴着耳饰，山虎听着耳机。黑山老妖对战岳飞，各自拿着双勺，三姨跟着二虎去见小王。树下的台球和表，都是这位绅士的。鸭子遇上狮鹫，三山上恨不得被魔法扇儿吹走。

训练题

1. 小王、黑桃A、梅花2、黑桃10、方片9、红桃Q、梅花7、黑桃4、黑桃3、梅花6、红桃K、方片8、红桃10、大王、方片10、黑桃9、红桃J、梅花5、方片J、黑桃Q、方片K、黑桃J、梅花Q、梅花K、黑桃K、方片Q、黑桃7、红桃2、方片7、黑桃2、红桃9、红桃8、红桃6、方片5、红桃5、梅花J、红桃4、红桃3、方片6、黑桃6、黑桃5、梅花3、方片4、梅花4、方片3、方片2、梅花9、红桃A、方片A、红桃7、梅花10、黑桃8、梅花8、梅花A。

2. 方片10、黑桃10、方片9、红桃Q、梅花7、黑桃3、梅花6、红桃K、方片8、梅花A、红桃10、大王、黑桃9、红桃J、梅花5、方片J、黑桃Q、方片K、黑桃J、红桃8、梅花Q、梅花K、黑桃K、方片Q、黑桃7、小王、方片3、梅花2、红桃2、方片7、黑桃2、红桃9、红桃6、方片5、红桃5、梅花J、黑桃4、红桃4、红桃3、方片6、黑桃6、黑桃5、梅花3、方片4、梅花9、红桃A、方片A、红桃7、梅花10、黑桃8、梅花8、方片2、黑桃A、梅花4。

第 15 章

记忆历史事件

中国是一个历史悠久的国家，从小学开始，我们就不断接触各种史料，并为祖国灿烂的历史和文明感到骄傲。但记忆这些汗牛充栋的历史事件和资料，却是一件非常吃力的事情。

我们记不清重要历史事件的发生时间，将历史人物与其事迹记错、记混，分不清各个朝代的先后顺序……类似的经历，每个人上学时都曾碰到过。

那么，对于历史知识，有没有一些高效的记忆方法呢？答案是肯定的。

15.1 联想记忆

人们记忆历史知识之所以会有障碍，原因在于这些史料跟我们生活的年代相距甚远，没有体验感，大脑很难将之与其他知识联系起来，孤岛式的信息要么迅速被遗忘，要么缺乏记忆唤起线索，用到的时候怎么也想不起来。

这就是历史知识的记忆难点。了解了这一点，我们就能采取有针对性的记忆方法。从专业角度来讲，历史知识特别适合使用联想法来记忆。我们可以将所需记忆的历史知识通过联想与客观现实、已知的信息建立联系，这样记忆起来既轻松又不容易遗忘。

应用实例一

时间是记忆历史知识的一大难点，一是容易记错，二是记不住、想不起来。联想记忆法能够轻松解决这些问题。

以记忆“公元 383 年的淝水之战”为例，运用联想法，可将其记忆为：一个肥（淝）胖的娃娃，身形很像 8，上边是小虎头，下边是圆滚滚的身体，左右两边各长了一只可爱的耳朵（3）。如此，我们一说起淝水之战，就能迅速想起其发生时间是公元 383 年。

历史事件+时间的知识点，也可以采用这种记忆方法。比如，记忆“公元前 202 年，刘邦建立汉朝，定都长安”这一历史事件，我们可以通过联想，将其记忆为：前鸭子（2）下蛋（0）后鸭子（2）看，刘邦定都于长安。

联想记忆法要求我们有丰富的想象力，要敢于进行奇思妙想。一般来说，联想的内容越离奇，大脑的记忆就越牢固。

应用实例二

在浩瀚的历史长河中，有数不清的历史事件等待我们去了解、去记忆。这其中，还有不少非常相似的历史事件。对此，该如何运用联想法来记忆呢？

以农民起义为例，在中国历史上，大大小小的农民起义不计其数，它们发生在不同时间、不同朝代，起义的原因和口号大同小异。即使采用对比法，也很容易把时间顺序搞混、记错。用联想法记忆这些资料则可以收到事半功倍的效果。

以汉代为例，较大规模的农民起义有三次，分别是：公元 17 年发生的绿林起义（西汉）、公元 18 年发生的赤眉起义（西汉）和公元 184 年发生的黄巾起义（东汉）。

仔细观察，我们会发现，这三次农民起义的史料中都有颜色，分别是绿、赤、黄。我们可以通过颜色联想将其与枫叶联系起来，枫叶春夏时是绿色的，到了秋天变红，冬天叶子则会变得枯黄，这样来记忆三次农民起义的先后顺序就不容易记错、搞混了。

公元17年发生的绿林起义，可记忆为：一（1）群绿林（绿林起义）好汉拿着镰刀（7）起义。

公元18年发生的赤眉起义，可记忆为：一（1）群红眉毛（赤眉起义）的人拿着酒葫芦（8）豪饮后，起义。

公元184年发生的黄巾起义，可记忆为：一（1）群戴黄头巾（黄巾起义）的人，一边举着酒葫芦（8），一边举着旗帜（4）起义。

应用实例三

拆分联想也是一种非常好用的记忆法，我们以记忆“晋灭吴的时间”为例。

所需记忆的内容为：公元280年，晋灭吴，结束了三国鼎立局面。运用拆分和联想，我们可将其记忆为：吴灭了，就等于吴被拆散了，而“吴”字可以拆成“二、八、口”三个字，正好与280相吻合。

如果需要记忆的元素较多，我们可以选择联想+串联的记忆方法。例如，“公元220年，曹丕建魏，定都于洛阳”这个知识点有四个要素，分别是“220”“曹丕”“建魏”“洛阳”，运用联想+串联的方法可记忆为：曹丕喂（魏）洛羊（阳），一天二两（22）饼（0）。

15.2 综合记忆

任何历史知识都不是孤立的，任何一个历史事件、历史人物，都有其社会背景，与当时的社会发展、政治经济条件等多种因素存在联系。

因此，记忆历史知识要学会运用综合的手段，而不是孤立地记忆。所谓综合记忆，就是从多个方面、多个角度去客观、全面地了解整个事件的起因、经过和结果等，这不但有助于我们建立系统的历史知识体系，还能够提高记忆的效率。

那么，怎样才能综合记忆历史知识呢？对此，我们需要做些什么？

看懂历史的内在逻辑

历史事件的发生有偶然性，也有必然性。在记忆历史事件时，我们要弄懂事件的内在因果关系，这样记忆起来才会感到轻松。

以文艺复兴为例。文艺复兴并不是偶然发生的，它的出现有其重要的社会背景。

随着欧洲资本主义的发展，新兴的资产阶级渴望维护自己的经济、政治利益，但旧的宗教、神学阻碍了资产阶级的发展，于是他们迫切希望在意识形态领域冲破宗教和神学的束缚，一场以人文主义为核心的文艺复兴运动随即兴起。

文艺复兴运动之所以开展得如火如荼，与它所产生的作用是分不开的，它不仅促进了资本主义的发展，而且其提倡的人文主义精神极大地鼓舞了人们的士气，新航路、地理大发现都是在人文主义的精神鼓舞下完成的。

宗教改革与文艺复兴运动也有着密切的关系，它撼动了宗教和神学的统治地位，资产阶级借助反对天主教会神学的形式与封建势力展开了激烈的斗争。可以说，文艺复兴运动和宗教改革都是顺应了资本主义的发展。

通过以上介绍，我们理解了文艺复兴与资本主义的发展、新航路的开辟和宗教改革的因果关系和内在联系后，记忆思路就会变得非常清晰。

多角度认识历史

很多人脑海里的历史知识都是割裂的，在学习历史时，中国古代史、中国近代史、西方近代史等是分块学习记忆的，由此形成一种定式思维，他们说不清中国唐代对应的西方近代史是什么时候，这种割裂式的记忆非常不利于我们形成系统化的知识体系。

要想形成牢固的记忆，我们就必须多角度、全方位地去了解历史，这样才能看清历史事件的全貌，才能更系统、更科学地进行记忆。

例如，记忆五四运动的历史意义时，既要看到俄国十月革命、巴黎和会的国际背景，也要看到国内资本主义的发展、北洋军阀对内镇压对外卖国的统治、无产阶级队伍的壮大、新文化运动等内部因素。同一个知识点，可以从不同的角度来阐述、解读，这种全方位的认知有助于我们形成知识体系，提高记忆效率，避免遗忘。

15.3 其他记忆法

除了联想记忆和综合记忆，历史知识还有其他的记忆方法。

强化记忆法

强化记忆，即通过加大刺激力度来提高记忆效果的方法，简单来说，就是提高大脑细胞的兴奋程度。

德国心理学家艾宾浩斯曾经说过："保持和复现，在很大程度上依赖于心理活动第一次出现时注意和兴趣的强度。"这也就是为什么被蛇咬过的人会害怕草绳、烧伤过的人会注意避火、挨过打的狗见了鞭子就逃的原因。

大脑的感知程度对记忆的作用不言而喻。相信不少人都曾有过这样的体会，重要考试后那些我们会做的题目很快就会被忘记，而那些费了半天劲儿才答出的题或者没有答上来的题，则会长时间念念不忘。这就是心理学中的蔡格尼克记忆效应。

根据这一原理，我们可以有意识地强化大脑的感知，比如记忆时采用自问自答、和搭档相互提问、与人辩论等形式，大脑通过这种形式感知到的内容，其牢靠程度比默默看书强得多。

此外，及时复习也是强化记忆的好方法。对于需要记忆的历史知识，不要因为已经记住就懈怠，要养成每隔一段时间就复习的好习惯，这样才能牢固地记住这些知识。

公式记忆法

历史知识虽然属于文科，记忆内容主要是文字，但也可以用公式法来记忆。具体而言，可以将需要记忆的关键点提炼出来，形成一个公式，从而简化记忆任务。下面为大家总结了一些记忆时可套用的公式。

战役=时间+地点+作战双方+经过+结果+意义

人物=时代（国名）+职务+作为+主张+评价

事件=时间+地点+背景+经过+结果+影响

会议=时间+地点+背景+人员+内容+作用

条约=时间+地点+背景+签订双方+内容+影响

作品=时间+作者+内容+意义

改革=时间+改革者+内容+意义

精简记忆法

精简记忆法，也叫减法记忆，是指通过删减不必要的记忆内容和减少记忆任务量的方式来提升记忆效率的一种方法。

我们在看历史书、学习历史知识时，会遇到很多非核心、非重点的内容，记忆时将这些无关紧要的内容先删去，任务会轻松很多。

例如，记忆第二次世界大战的经过时，我们可将其精简为：四次突袭（波兰、丹麦和挪威、苏联和珍珠港）+六次主要战役（莫斯科、斯大林格勒、库尔斯克、柏林、不列颠、中途岛）+四次重要会议（开罗、德黑兰、雅尔塔、波茨坦）+三次登陆（北非、西西里、诺曼底）+反法西斯统一战线+各国反法西斯斗争。这就是第二次世界大战的主要历史事件。

精简记忆法可将大量的历史信息压缩到很小的一部分，从而大大降低我们的记忆量和记忆难度。大家在实际学习中，一定要善于使用这种方法和技巧。

其他记忆法

运用谐音来记忆历史知识也是一种不错的选择。例如，记忆“刘备—蜀—成都—221 年”这一历史事件时，我们就可以运用谐音法记为：刘备数沉珠数了两天两夜。

由于历史年代都是由数字组成的，我们还可以使用数字编码法。例如，记忆“公元 132 年张衡发明地动仪”，我们可采用前面介绍过的数字编码——13（石山）和 2（鸭），将其记忆为：张衡在石山（13）上把鸭子（2）放进了地动仪里。

对比法也可用于记忆历史事件和年代，尤其是比较相似的内容。

例如，“公元前 221 年，秦始皇统一中国”和“公元 221 年，刘备建蜀”，将这两个历史事件对比着记忆更容易记住、记清。同理，“公元 1616 年，努尔哈赤称汗，建金”和“公元 1661 年，郑成功收复台湾”也非常适合用对比法记忆。

总之，记忆历史知识的方法非常多，除了上面介绍的，还有口诀记忆法、提纲记忆法、归纳记忆法、逻辑记忆法、电影电视等辅助记忆法……实际记忆时，我们要善于分析不同历史内容的特点，并根据其特点找到最合适、最高效的记忆方法。